First Book

微分積分がわかる

対話形式で基礎からていねいに解説
一から学べるやさしい微分積分学入門

中村厚 著
戸田晃一

技術評論社

まえがき

　大学新入生のA君は数学がかなり苦手。でも，これから大学や社会で専門的な知識を身につけていくために，数学が必要なことはうすうす気がついている様子です。
　大学では，さっそく「微積分学」の講義が始まりましたが，予想通り脱落気味のA君は，先生が話す数学の用語もよくわからず，途方に暮れてしまいます。勇気を振りしぼって，そしてスキあらば期末試験の情報を探ろうという「野心」を少しだけ持って，担当のK先生の研究室へ相談に行ってみることにしたA君ですが……

　この本の目的は，A君とK先生の対話を通して，「大学の微積分学」の基礎事項を解説することです。微積分学は，現代のものづくりや社会・経済分析のために必要な数学の大きな柱のひとつです。これから先も，その必要性が消えてなくなることはありません。
　対話では，微積分学の必要性を「感じてはいるんだけど，かなり苦手」なA君に，K先生が初歩から丁寧に解説します。対話の内容は，通常大学1年次あるいは2年次に設定されている「(1変数の)微積分学」の，基本的な考え方の部分に限りました。これらの部分の理解があいまいなまま，結局はいつまでも同じところで足踏みしている学生たちを，著者たちは大学における教育経験で，数多く見ているからです。

　上に述べた理由から，この本では必ずしも数学的に厳密な記述にはこだわらず，初学者でも抵抗の少ないような記述を心がけました。したがって，標準的な数学教科書では「知ってて当たり前」のように使われている専門用語も，可能な限り丁寧に説明しました。また，具体的な計算過程も，なるべく省略せずに書いてあります。その結果，ある程度微積分学を勉強してきた人には，少々くどい記述になっているかもしれませんが，基礎的な部分の確認という意味で読んでみることをお勧めします。一方，コラム「K先生の独り言」には，定理の証明やちょっと高度な計算，あるいは少し進んだ話題を載せました。初めて微積分学を勉強する人は，コラムは読まなくても理解できるように書かれていますので，初読の際は読み飛ばしてもかまいません。また，巻末には「期末試験」があります。対話の内容をどこまで理解したか確かめ

るため,ぜひ挑戦してみてください.

　そんなわけで,この本は大学生だけでなく,もう一度,微積分学の復習をしたいと考える社会人の方,あるいは,ちょっと先の方をのぞいて見たい高校生にも,ぜひ読んでいただきたいと思います.

2009年2月

中村　厚
戸田晃一

ファーストブック 微分積分がわかる Contents

序章　出会い——
- ●アナログとデジタル ……………………………… 3
- ●実数とは何か ……………………………………… 7
- ●関数と写像 ………………………………………… 10

第1章　1次・2次関数とその導関数
1-1　1次関数 …………………………………………… 16
- ●直線のグラフ …………………………………… 16
- ●次数 ……………………………………………… 18
- ●係数の意味 ……………………………………… 20
- ●直線の傾き ……………………………………… 21

まとめ ………………………………………………… 24

1-2　2次関数とその接線 ……………………………… 25
- ●曲線の話 ………………………………………… 25
- ●接線 ……………………………………………… 26
- ●2次方程式の重解 ……………………………… 28
- ●微分係数 ………………………………………… 31

まとめ ………………………………………………… 37

第2章　いろいろな関数とその微分法
2-1　n次関数とその導関数 ………………………… 40
- ●導関数とは ……………………………………… 41

- ●x^nの導関数 …………………………………… 42
- **K先生の独り言「ある定数a」** ……………………… 50
  - ●和の微分公式 …………………………………… 50
  - ●積の微分公式 …………………………………… 52
  - ●合成関数の微分 ………………………………… 53
- **K先生の独り言「合成関数の微分公式」** ……………… 56
- まとめ …………………………………………………… 58
- **2-2 有理関数と代数関数** ……………………………… 59
  - ●x^{-n}の導関数 ………………………………… 59
- **K先生の独り言「微分できない点」** …………………… 62
  - ●商の微分公式 …………………………………… 63
  - ●$\sqrt{x}$の導関数 ……………………………… 65
- **K先生の独り言「$\sqrt{x}$の導関数」** ………………… 68
  - ●代数関数の導関数 ……………………………… 69
- まとめ …………………………………………………… 72
- **2-3 三角関数と導関数** ………………………………… 73
  - ●弧度法 …………………………………………… 74
  - ●基本的な三角関数 ……………………………… 76
  - ●周期性と相互関係 ……………………………… 78
  - ●加法定理 ………………………………………… 80
- **K先生の独り言「回転の式」** …………………………… 83
  - ●$\dfrac{\sin x}{x}$の極限値 …………………… 84

●三角関数の導関数	88
まとめ	91

2-4 指数関数と対数関数 92

●指数法則	92
●指数関数	94
●指数関数のグラフ	95
●自然対数の底 e	98
●指数関数の導関数	100
●対数関数	101
●対数法則	105
●対数の利用	106
●底の変換	108
●対数関数の導関数	110
K先生の独り言「自然対数関数の導関数」	113
●a^xの導関数	114
K先生の独り言「べき関数の導関数」	117
まとめ	118

第3章 面積を求める

3-1 グラフが囲む面積 120

●直線が囲む面積	121
●曲線が囲む面積	123

- ●微積分学の基本定理 ……………………………… 128
- K先生の独り言「自然数の平方和」 ……………………… 130
- まとめ ……………………………………………………… 131
- **3-2 微積分学の基本定理** ……………………… 132
  - ●証明の方針 ……………………………………… 132
  - ●面積の極限値 …………………………………… 134
  - ●積分記号の導入 ………………………………… 137
  - ●定積分の性質 …………………………………… 138
  - ●負の面積 ………………………………………… 140
- まとめ ……………………………………………………… 141

第4章 不定積分の計算

- **4-1 基本的な不定積分** ………………………… 144
  - ●導関数の公式から ……………………………… 144
  - ●べき関数の不定積分 …………………………… 146
  - ●x^{-1}の不定積分 ………………………………… 148
  - ●三角関数の不定積分 …………………………… 150
  - ●指数関数の不定積分 …………………………… 151
- K先生の独り言「逆三角関数」 …………………………… 153
- まとめ ……………………………………………………… 154
- **4-2 簡単に積分するには** ……………………… 155
  - ●積分中の定数 …………………………………… 155

●項別積分 …………………………………………… 156
●置換積分 …………………………………………… 157
K先生の独り言「置換積分の公式」………………… 164
まとめ ………………………………………………… 165
4-3 いろいろな技法 …………………………… 166
●部分積分 …………………………………………… 166
●部分分数分解 ……………………………………… 170
K先生の独り言「有理関数の不定積分」…………… 178
まとめ ………………………………………………… 180

第5章 平均値の定理とその応用

5-1 平均値の定理 …………………………… 182
●ロル(Rolle)の定理 ……………………………… 183
K先生の独り言「ロルの定理」……………………… 185
●平均値の定理 ……………………………………… 186
K先生の独り言「平均値の定理」…………………… 190
まとめ ………………………………………………… 191

5-2 不定形の極限値 ………………………… 192
●不定形 ……………………………………………… 192
●コーシー(Cauchy)の平均値定理 ……………… 195
K先生の独り言「コーシーの平均値定理」………… 196
●ロピタル(de l'Hôpital)の定理 ………………… 197

まとめ ………………………………………………………	198
5-3 関数の値を近似する―テイラーの定理 ………	199
●接線で近似する ………………………………………	199
●近似精度を高める ……………………………………	202
K先生の独り言「テイラーの定理」 …………………………	208
まとめ ………………………………………………………	211
●おわりに ………………………………………………	211
期末試験 ……………………………………………………	212
期末試験の解答 ……………………………………………	214
あとがき ……………………………………………………	218
参考文献 ……………………………………………………	219
索引 …………………………………………………………	220

登場人物紹介

……A君。工学部の新入生。

……K先生。大学で数学を教えている。

序章
出会い―

この章で学ぶこと
- 微積分とは？
- 関数

心地よい春風の吹くある日の午後，とある大学の研究室では，数学のK先生がドアを開け放したまま研究に没頭している。と，そこに一人の学生がやってきた。

誰だい？

新入生のAといいます。先生の「微積分学」の授業を受けているものです。今お忙しいですか？

暇というわけではないんだけど，ちょうど気分を変えようと思ってたところだから，いいよ。それから大学では「授業」じゃなくて「講義」だよ。

まだ高校生気分が抜けなくて，すみません。

あやまらなくてもいいよ。ついツッコミを入れたくなるのが僕の癖なんだ。あまり気にしないで。質問かい？

はい。今やっている「微積分学」って，実際に何の役に立つのかわからなくて，どうもやる気が出ないんです。

それはなかなか過激な意見だね。本当は「苦手だからやりたくない」だけなんじゃないの？

🧑 ぐぐ，きびしい。でも本当に必要なんですか？

👴 図星のようだなあ。でも，なぜ必要なのかを知っておいた方が，やる気も出ることは確かだね。

🧑 はい。

👴 微積分というのは，ものごとのアナログ的な変化を捉えて分析するための，とても強力な道具なんだ。

🧑 「アナログ的」ですか？

👴 そう。「連続的」と言ってもよい。たいていの物理的なできごとは連続的に変化するよね。

🧑 なんか言葉が難しくて全然イメージがわきません。

👴 君は本格的に苦手なんだなあ。

● アナログとデジタル

👴 ところで，よく「アナログ」と対になっている言葉は何だい？

🧑 えーと，「デジタル」でいいんですか？

👴 まあ，普通はそれでいいと思う。で，これらの違いは何かな？

🧑 そう言われれば，何だろう。あまり深く考えたことがないです。

👴 それじゃあ，よく「デジタル機器」と言われるものには，どんなものがあるかな？

🧑 DVDとかCDなんかですか？

👴 うん。それらに共通するのは，基本的に信号が「ある」か「ない」かで情報を記録していることなんだ。まあ，普通は「ある」を1,「ない」を0という数で表して，複雑な情報は1と0の長い列で表現する。

🧑 それは聞いたことがあります。確かコンピューターのメモリーもそんな感じでしたよね。

👨 そう。コンピューターも典型的なデジタル機器だよね。で，この「デジタル」というのは1と0のように，つながっていない数だけで作られた世界のことをいう。

🧑 「つながっていない」ってどういう意味ですか。

👨 つまり，1と0の2つの数の間に入るような，「中途半端」な数がないということだ。そういう意味では，

$$\text{自然数の集合 } \{1, 2, 3, \cdots\}$$

や

$$\text{整数の集合 } \{\cdots, -2, -1, 0, 1, 2, \cdots\}$$

なんかも「デジタル」だね。

🧑 そうなんですか。

👨 だって，例えば2と3の間に別の数はないだろう。整数は「数直線」の上では飛び飛びの位置だけにあるよね。

数直線上の整数

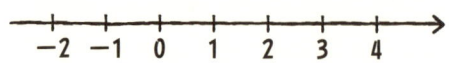

🧑 ああそうか。

👨 で，次は「アナログ」。君が言ったように「デジタル」の対語が「アナログ」だ。アナログ的なものって，何を想像するかな？

🧑 うーん。なんだろう。メールができない人を「アナログ人間」なんていうけど，そう言われるとよくわかりません。

👨 最近は高級オーディオ機器になっちゃったけど，LPレコードの記録方式はアナログだね。

はあ？

CDとかと違って，レコードは音をデジタル信号化せずにそのまま記録しているんだ。

そのままってどういう意味ですか。

「音」は空気などの振動が伝わる現象っていうのは知ってるよね。

それは「物理」でやりました。

じゃあ，音の高低ってのは，空気が1秒間に何回振動するか，つまり空気の「振動数」あるいは「周波数」で決まるっていうのもわかるよね。

はあ。ちょっと自信ないけど。

で，この空気の振動数，つまり音の高低を表す量はアナログ的な量だ。

やっぱりわかりません。

例えば，ピアノやギターでは「ド」と「レ」の間には「半音」が1つあるけど，これは音楽が美しく聴こえるようにそう決めてあるだけで，実際は「ド」と「レ」の間には無数の高さの音がある。

そうなんですか。

だって，電車のモーターの音なんか，発車するときにはだんだんと高くなっていくよね。これは振動数が連続的に変化しているってことだ。

確かにそうですね。

序章 出会い―

🧑‍🦳 それから，バイオリンのように自分で音程を作らなければならない楽器なら，指を滑らせれば「ド」と「レ」の間のどんな高さの音でも出せるはずだ。もっとも，そんな「はずれた」高さの音を出すのは「下手くそ」ってことだけど。

🧑 はは。

🧑‍🦳 例えば，振動数1000の音と，振動数1001の音の間には，無数にたくさんの振動数，1000.1とか1000.5，あるいは1000.318のような音がひしめきあっているっていうことだね。

🧑 そうか。

🧑‍🦳 しかも，電車の例からわかるようにそういう中途半端な高さの音は「連続的に」ある。まあ，「色」でいえばここにあるようなグラデーションを想像してもらえばいいと思う。「隣の色」とは連続的につながりながら，しかも徐々に変化しているよね。

🧑 それはわかりますけど，じゃあいったい「アナログ」って何ですか？

🧑‍🦳 だから，音の振動数のように「連続的」な値をとり得るような量のことを「アナログ量」というんだ。現実に物理現象の測定から得られる量は，アナログ量であることがとても多いよ。

🧑 まあ，それはなんとなくわかります。

で，レコードは「音」つまりアナログ量の情報を，アナログ量のままレコードの溝に刻んで記録しているんだ。CDよりレコードの方が「音質がいい」理由はこれだといわれているよ。

アナログの方が高級なわけですか。

まあ，それは「オーディオ」の世界の話で，「アナログ」と「デジタル」は本来どちらが高級でどちらが低級というようなものではなくて，ある物理量が持つ「固有の性質」を表すものだね。

● 実数とは何か

じゃあ，そろそろ微積分の話に戻ろうか。

はい，お願いします。

さっき言ったように，微積分とはものごとのアナログ的な変化を見るための道具だけど，この道具を使うには「考える対象」をきちんと関数の形で書いておく必要があるんだ。

だんだん苦手な話になっていくような気が……

だけどその前に，実数とは何かを話しておかなければならない。

あ，やっぱり。その辺がまったくわからないんです。何でわざわざそんな難しい「数」の話が出てくるんですか？

それは考えるべき対象が，振動数のような「アナログ量」だからなんだ。

それがどうして「実数」みたいな，わけのわからない話とつながるんですか？

アナログ量とは，数直線上のあらゆる数を使わなければ表現できないような量だからだよ。

🧑 「あらゆる数」ってどういうことですか？

👨 数直線上の数には，さっき出てきた「整数」の他にどんなものがある？

🧑 整数じゃないんだから，小数点以下がくっついた数ですよね。

👨 そうだけど，それらにも種類があって**有理数**と**無理数**に区別できるだろう。

🧑 どこかで聞いたことはある話ですね。

👨 しょうがないなあ。まず「有理数」は2つの整数の比で表せるような数のこと*。例えば，$\frac{1}{3}=0.333\cdots$のようなものだね。もちろん0で割るのは禁止だよ。

🧑 その「…」は何ですか？

👨 これ以降，無限に3が続くということだけど，すべての有理数は$\frac{1}{2}=0.5$のように割り切れてしまうか，あるいは，$\frac{9}{11}=0.8181\cdots$のように，あるところから同じ数字の繰り返しになることが知られているんだ。実際，$\frac{1}{3}$も小数点以下第1位からは3の繰り返しだね。

🧑 じゃあ「無理数」っていうのは？

👨 それは，決して「繰り返さない」数のことだね。例えば，$\sqrt{3}=1.732\cdots$とか$\pi=3.141\cdots$は決してどこかの位から先が同じ数字の繰り返しになることはない。そして，そのような数は，整数の比では表せないことが知られている。

🧑 この話はやっぱり苦手です。

👨 まあ，今後はあまり使わない話ではあるけど，微積分学がどのような土台の上に作られているのか，知っておくことも大切だと思うよ。建物だって，直接目に見えない部分がきちんと作られているかどう

＊整数も分母が1の有理数と考えれば，有理数に含まれる。

かは，ものすごく重要だよね。

🧑 それはそうだと思いますけど……。どうでもいいような気もします。

👨 重要なことは，アナログ量を表すためには，実は「有理数」だけでなく「無理数」も必要だということなんだ。この「有理数」と「無理数」を合わせた数の集団のことを「実数」と呼ぶのが習慣だね。

🧑 まあ「実数」は高校でも出てきましたけど。

👨 例えば，0と1の間に「有理数」は無数にあるけど，すべてを書き出してみても，0と1の間を「べったり」覆い尽くすには足りないんだ*。

🧑 足りないってどういうことですか？

👨 例えば，$\frac{1}{2}$, $\frac{1}{3}$, $\frac{2}{3}$ などのように，1より小さい有理数ををひとつひとつ0と1の間に置いていく。もちろんそういう有理数は無限個あるけど，それらを全部置いてもまだ「スカスカ」ってことだね。

🧑 やっぱりイメージができません。

👨 例えて言えば，有理数ってのは細くとがった鉛筆の先でつけた点のようなものなんだ。ある線上にいくらたくさん点を打っても，最初から「線」を引いた場合とは全然違うものになるよね。

🧑 まあそうでしょうね。

👨 で，一方，実数というのはこの「最初から線を引く」場合に対応している。だから「アナログ量」を表現するには，どうしても「実数」の助けが必要なんだ。

---

*有理数の集合に対しては，すべての要素に「順序」をつけられることが知られている。一方，実数に対してはそのようなことはできない。このことを，実数と有理数では「濃度が異なる」と表現する。

　　　　有理数はスカスカ ……………………………

　　　　実数はべったり ────────

「実数」を使わないと「アナログ」なものは表せないわけですか。

そう。すべての実数を使って，ようやく数直線は「べったり」と覆われるんだ。だから，以後は「すべての実数」と「数直線」は同じものとみなすことにするよ。

● 関数と写像

それで，いよいよ「関数」だけど。

はい。

考えたいのは，ある物理量のアナログ的な変化に応じて変化する量についてだ。

どういうことですか？

例えば，伸び縮みするバネを考えよう。

よく物理の時間に見る絵ですね。

まあね。考えたいのは，バネを少しだけ引っ張ったり縮めたりしたときに，バネが及ぼす力だ。

確か，伸び縮みの長さに比例した力が働くんでしたよね。

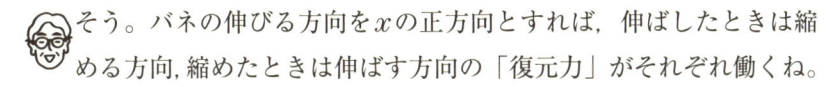

🧑‍🦳 そう。バネの伸びる方向を x の正方向とすれば，伸ばしたときは縮める方向，縮めたときは伸ばす方向の「復元力」がそれぞれ働くね。

🧑 で，これがなんで関数の話なんですか？

🧑‍🦳 だから，バネの力は伸び縮みの長さ x の関数だろう。比例定数を k とおけば，復元力 $f(x)$ はどう書ける？

🧑 えーと，x に比例するんだから，$f(x)=kx$ でいいですか？

🧑‍🦳 よくない。x を伸ばすときに力は縮める方向に働くから，

$$f(x)=-kx$$

じゃないとおかしいよね。

🧑 すいません。

🧑‍🦳 この数式の意味は「アナログ量 x に対して別のアナログ量 $-kx$ が決まる」ということだ。

🧑 x はアナログ量なんですか？

🧑‍🦳 もちろんそうだよ。バネの長さは連続的に変わるだろう。

🧑 そうか。じゃあ $-kx$ は？

🧑‍🦳 x がアナログ量，つまり実数である以上，$-kx$ も実数にならざるを得ないよね。だから，$f(x)=-kx$ は，ある実数から別の実数への対応関係を与えていることがわかる。こういう「対応関係」のことを数学では**写像**という。

🧑 ただのバネの話を，なんでそんなに難しく考えなければならないんですか？ 数学って，必ずこういう展開になりますよね。だから嫌になるんです。

🧑‍🦳 まあ「難しく考えている」というよりも「見たいものが違う」というべきなんだけどね。

🧑 はあ。

👨 とにかく、この「対応関係」は、ある実数xを別の実数$-kx$へ「写して」いるってことはいいよね。

🧑 まあ、一応。

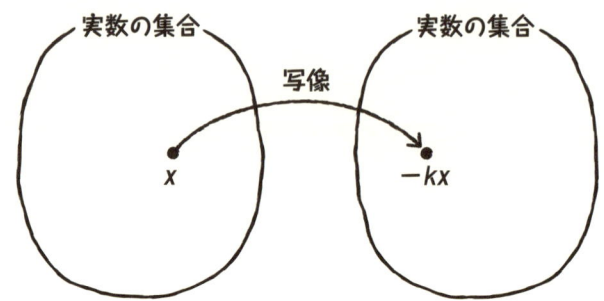

👨 で、関数というのはこの「実数から実数への写像」のことをいうことにするよ*。

🧑 関数って、$y=f(x)$という数式のことだと思ってましたけど。違うんですか？

👨 まあ、間違いではないよね。もとの数をx、写した先の数$f(x)$のことをyと書けば、$f(x)=-kx$はそういう形をしている。xは「定義域」の変数、yは「値域」の変数と呼ぶのが習慣だ。

🧑 その言い方は、高校でも出てきました。

👨 それで、今考えている定義域の変数xはアナログ量、つまり連続的に変わり得る量で、それに応じて、yも連続的に変化するよね。

🧑 まあ、そうですね。

---

*話をややこしくしないため、この本では関数をこのように定義することにする。関数という用語は、本当はもっと広い意味で使われるものである。

😀で, 現実的には, こういう y の連続的な変動を, 「詳しく」しかも「理論的に」調べたい状況というのがよく現れる. 例えば, 車のバネの復元力によってどんな運動が車体に起こるか, とかね.

😀はい.

😀初めに言ったように, 微積分はこういう「関数値の連続的な変動」を分析するときに, 非常に役に立つ道具なんだ.

😀なんとなくはわかりますけど, 漠然としていて. もっと具体的な微積分の話をしてもらえませんか.

😀じゃあ, 次は微分の話にしようか. まあ, ちょっと長くなったから, お茶でも入れよう.

第1章
1次・2次関数とその導関数

この章で学ぶこと
- 1次関数の式とグラフ
- 2次関数のグラフと接線
- 微分係数

1-1 1次関数

二人の会話は，お茶を飲みながらさらに続く。

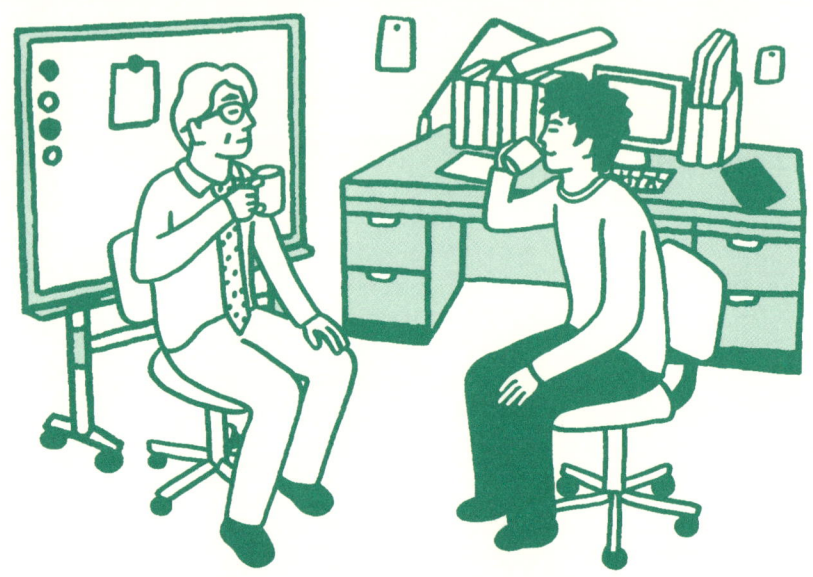

● 直線のグラフ

🧑‍🦳 これからの講義では，いろいろな関数が出てくるけど，一番「簡単な」関数といったらどんなものが思い浮かぶだろう？

🧑 何も思い浮かびませんけど。

🧑‍🦳 えっ！?

🧑 関数が思い浮かぶって，どういうことですか？ 想像できないんですが。

🧑‍🦳 数学を考えるには，とにかくヴィジュアルなイメージが大切なんだ。関数とは実数xから実数yへの写像のことだったよね。

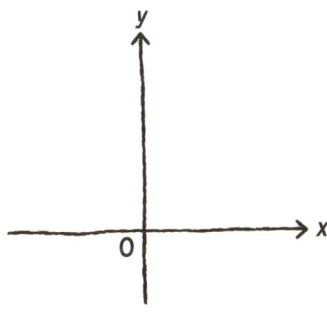

だから、横軸をx，縦軸をyとして、ひとつひとつのxの値に対応するyの値をこの図の中に描きこんでいけば、それぞれの「関数」に応じた「グラフ」ができ上がるはずだ。

「グラフ」ですか。

そう。例えば、一定の時速で直線道路を走る車の位置をグラフにしてみよう。横軸に「時間x」、縦軸に「位置y」をとれば、グラフは次のようになるね。

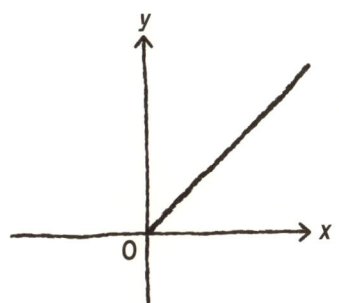

そうですね。

このグラフは、各時刻xに対してそのときの車の位置yを対応させている。だから、これはxの関数のグラフと考えることができるよね。

はあ。

1-1 1次関数

「関数を想像する」ってことは，その「グラフを想像する」ことと同じなんだ。そして，一番簡単な関数のグラフといったら，このような直線のグラフを考えておけばよい。

次数

じゃあ，次の直線が何次関数か，わかるかい？

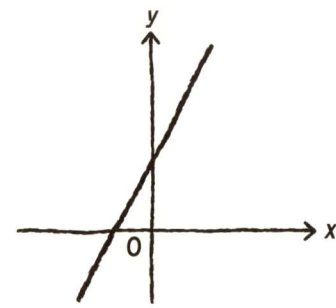

えっ。わかりません。

じゃあ，もう少し具体的にしてみよう。この直線を数式で書けば，例えば，

$$y = 2x + 3$$

のような形をしている。

よく出てきそうな数式ですね。

こう書けば，これが何次関数かわかるんじゃないかな？

その「何次」っていう意味が，よくわからないんですけど。

この右辺に含まれる項のうちで，xの次数が最大のものはどれかってことだけど。

だから，「次数」って何ですか？

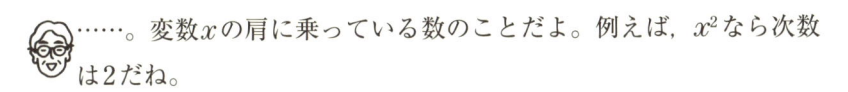

👴 ……。変数xの肩に乗っている数のことだよ。例えば，x^2なら次数は2だね。

👦 なんだ。でも$2x+3$のどこにもそんな数ないじゃないですか。

👴 普通はx^1の1は省略して，$x^1=x$と書くよね。

👦 じゃあ，$2x$の次数は1ですか？

👴 そうだね。じゃあ，もうひとつの項，「3」の項の次数は？

👦 えっ！ 3にも次数があるんですか？

👴 もちろん，あるよ。$x^0=1$だから，$3=3x^0$と思えるだろう？

👦 $x^0=1$なんですか？

👴 ……。そう考えるのが合理的だから，そう定義してあるんだけど。

👦 「合理的」ですか？

👴 しょうがないなぁ。例えば，指数法則$x^m x^n = x^{m+n}$で$n=0$のときを考える。そうすると，

$$x^m x^0 = x^{m+0} = x^m = x^m \times 1$$

となって，$x^0=1$と定義しておけば，右辺と左辺が一致するよね。

👦 そうか。じゃあ，「3」の次数は0ということですか？

👴 そう。定数項は0次の項と解釈すべきなんだ。結局，$2x+3$は1次の項と0次の項でできているから，1次関数ってことだね。

👦 そういえば，高校でもそう呼んでいたような気がします。でも，何で次数なんてものを考えなければならないんですか？

係数の意味

各次の**係数**は，それぞれ意味を持っているからだよ。

各次の係数っていうのは？

今の例で，xの次数をあらわに書くと，

$$y = 2 \times x^1 + 3 \times x^0$$

となるのはわかるよね。

はい。

係数というのは，この各項にある数字の部分，つまり変数xたちの前に付いた数のことだね。

2とか3のことですか？

そう。じゃあ，x^0の係数，つまり0次の係数は何かな？

3ですか？

そう，この3にはグラフ上ではっきりした意味があるんだけど，わかるよね？

えー，なんかずっと昔は知っていた気がするんですけど。

しょうがないなあ。

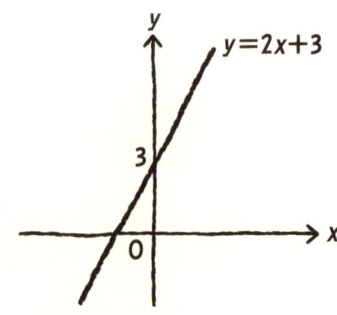

👨‍🦳 0次の係数は，グラフがy軸を切るところの値を表しているんだ。

🧑 どうしてですか？

👨‍🦳 「y軸を切るところの値」とは，$f(x)$のxが0のときの値，つまり$f(0)$のことだ。

🧑 そうですね。

👨‍🦳 この例だと$f(x)=2x+3$だから，$x=0$を代入すれば，$f(0)=2×0+3=3$はすぐにわかるよね。

🧑 そうか。

👨‍🦳 この「y軸を切るところの値」を「y切片」といったりもする。

🧑 聞いたことはある言葉ですね。確か中学のときに……

👨‍🦳 まあそうだろう。じゃあ，次は1次の係数の意味を考えよう。

● 直線の傾き

👨‍🦳 例えば，この1次関数のxが0のときの値とxが1のときの値を比べてみよう。それぞれ値を代入してごらん。

🧑 まあ，これぐらいなら。

$$f(0)=2×0+3=3$$
$$f(1)=2×1+3=5$$

ですね。

👨‍🦳 そうすると，これら2つの値の差は2となるね。これがちょうど1次の係数になっている。じゃあ次は，$x=2$のときの値はどうかな？

🧑 えーと，

$$f(2)=2×2+3=7$$

ですね。

今度も，$f(2)$ と $f(1)$ の差は $7-5$ で 2 だね。

そうですね。

ところで，x の値が 1 だけ増えたときの y の値の変化とは，「直線の傾き」に他ならないよね。

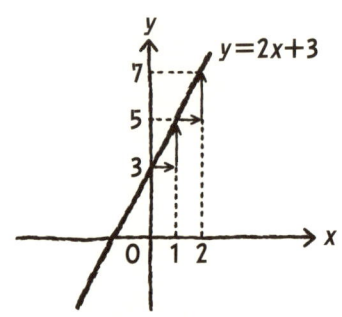

つまり，1 次の係数は「直線の傾き」を表すんだ。

どんな直線でもそうなんですか？

ああ，もちろんそうだよ。直線，つまり 1 次関数は任意の実数 a と b を使えば，一般に

$$y = ax + b$$

と書けるよね。

「任意の」って，数学の時間によく聞きますけど，実は意味がよくわかってないんですが。

そうだったのか。確かに数学とか何かの規則を作るときにしか使わない言葉かもね。これは「何でもいいから勝手なもの」っていう意味なんだ。

「何でもいいから勝手なもの」って，「好きなものを選んでいい」ってことですか？

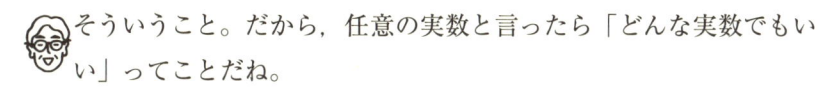

😀 そういうこと。だから,任意の実数と言ったら「どんな実数でもいい」ってことだね。

😀 なんでこんな難しい言葉を使うんですか？

😀 まあ,習慣だから,としか言いようがないけど,言い換えようにも他に簡潔で適当な言葉はなかなかないよね。「勝手な実数」と言ってもかまわないとは思うけど。

😀 「勝手な実数」って,なんか悪いことをしでかしそうですね。

😀 そうだろう。ある用語が習慣になってるのは,それなりの使いやすさがあるからなんだよ。だから,これからは君も慣れていくことにしよう。

😀 わかりました。

😀 じゃあ,1次関数の話に戻るよ。

😀 はい。

😀 関数 $y=ax+b$ で x の値を 1 だけ増やしたときの y の値の変化は簡単に計算できるよね。

😀 さっきのように,$f(2)-f(1)=2$ とか $f(1)-f(0)=2$ を計算するんじゃ駄目なんですか？

😀 まあそうなんだけど,任意の x に対しても $f(x+1)-f(x)$ が一定値になることを示さなければ十分とは言えないね。

😀 そんなこと,できるんですか？

😀 もちろん。実際計算してみると,
$$f(x+1)-f(x)=\{a(x+1)+b\}-(ax+b)$$
$$=ax+a+b-ax-b$$
$$=a$$

となる。

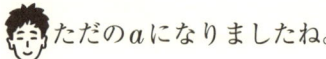ただの a になりましたね。

この a は関数 $y=ax+b$ の「1次の係数」だね。

そうですね。

a と b は任意の実数だったから，これはどんな1次関数に対しても「傾きは1次の係数で決まる」ことを表している。

係数が大事なんですね。

> ◆ まとめ
>
> 直線(1次関数 $y=ax+b$)の0次の係数 b は「y切片」，1次の係数 a は「直線の傾き」を表す。

1-2 2次関数とその接線

● 曲線の話

👨‍🏫 直線の次は，曲線の話にしよう。直線は1次関数で表されたけど，最も簡単な曲線は2次関数で表されるよ。

🧑 だんだん難しくなりますね。

👨‍🏫 難しくなると思わずに，内容が豊富になると思った方がいいよ。

🧑 どっちも同じような気がしますが……

👨‍🏫 まあ，とにかく

$$f(x) = ax^2 + bx + c$$

のような形の関数を考えてみよう。

🧑 これが2次関数ですか。

👨‍🏫 そう。最高次の項が ax^2 だからね。もちろん a, b, c は任意の実数だよ。グラフをイメージするために，

$$a = -1, \ b = 0, \ c = 2$$

と選んでみよう。そうすると，どんな関数になるかな？

🧑 えーと，$f(x) = -x^2 + 2$ ということですか？

👨‍🏫 そうだね。このグラフが「直線」ではないことはわかるよね。

🧑 まあ，それくらいは……

👨‍🏫 グラフの概形を描くと，次のようになる。

$y = -x^2 + 2$

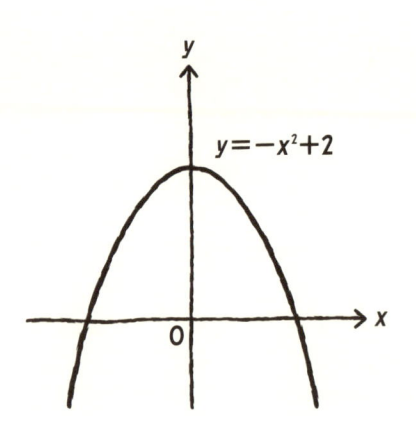

😊 よく見る曲線ですね。

👴 まあそうだろう。これは離れたところに物を投げたときの軌跡，つまり放物運動の描く曲線だね。

● 接線

😊 で，この曲線で何を考えるんですか？

👴 接線。

😊 接戦？

👴 いや，接線だ。

😊 やはりそうでしたか。これが苦手なところなんですよ。

👴 そんなことだろうと思ったよ。微積分を理解するには，まず接線，つまり曲線と1点で接する直線，というものをきちんと理解しておく必要がある。

😊 はあ。「1点で接する」って何ですか？

👴 例えば，$y = -x^2 + 2$ と $x = -1$ の点で接する直線を求めてみることにしよう。

😀 どうすればいいんですか？

🧑‍🏫 まず，この曲線と直線が接するところ，つまり接点の座標を求めよう。

😀 座標って？

🧑‍🏫 この xy 平面上の点の位置のことだね。$x=-1$ のときの y の値はいくらかな？ 2次関数 $f(x)=-x^2+2$ に $x=-1$ を代入してみよう。

😀 $y=f(-1)$ ということですか？

🧑‍🏫 そう。その値は？

😀 $y=f(-1)=-(-1)^2+2=-1+2=1$ です。

🧑‍🏫 そうだね。接点の座標は，$(x,\ y)=(-1,\ 1)$ となるね。

😀 じゃあ，これで接線の式はわかったんですか？

🧑‍🏫 ……。まだ接線がどの点を通るかがわかっただけだよね。直線を決めるには，もうひとつその「傾き」の情報，つまり1次の係数が必要だ。

😀 はあ。じゃあ，それはどうしたらわかるんですか？

🧑‍🏫 まあ，$f(x)$ を微分すればすぐにわかることだけど，まずは「微分」を使わずに求めてみよう。その方が「接する」の意味がよくわかると思う。

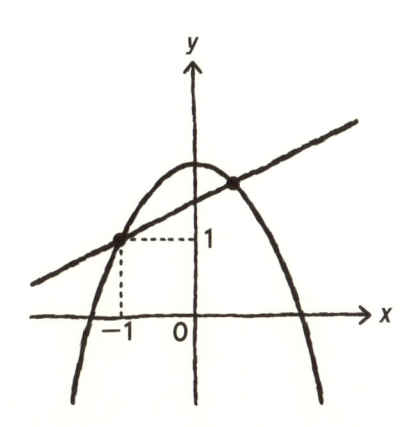

1-2 2次関数とその接線

これが点$(-1, 1)$を通る直線。その「傾き」をkとすれば，この直線は

$$y-1=k(x+1)$$

と表せる*。

そうですね。これが何か？

図からわかるように，この直線は2次関数$y=-x^2+2$のグラフともうひとつ別の点で交わるよね。

はい。

● 2次方程式の重解

この「もうひとつ別の点で交わる」ということを数式で表現するとどうなるだろう？

な，何ですか，それ？ 言ってる意味が全然わかりません。

今考えている1次関数と2次関数に交点が2つあるということだね。連立方程式

$$\begin{cases} y=-x^2+2 \\ y=k(x+1)+1 \end{cases}$$

に解(x, y)が2組あるということだ。そのための条件は，これらからyを消去した2次方程式にインプットされているよ。

そうなんですか？

とにかく計算してみよう。まずはyを消去して，

$$k(x+1)+1=-x^2+2$$

となるのはいいよね。

＊点$(x, y)=(p, q)$を通り，傾きkの直線は，一般に$y-q=k(x-p)$のように表せる。

はい。

次に右辺を左辺に移項して，2次方程式を見やすくしよう。

$$x^2-2+k(x+1)+1=0$$

これを整理すれば，

$$x^2+kx+k-1=0$$

となるよね。

そうですね。

で，2つの交点があるためには，この方程式が2つの実数解を持てばいいことはわかるよね？

まあ，何とか。連立方程式の解は，グラフの交点だからですよね。

そうだね。じゃあ，その「グラフが交点を持つ」条件は何かな？

えーと，たしか判別式……？

そうだね。判別式が正ならば実数解が2つある。この場合，判別式 D は

$$D=k^2-4\times 1\times (k-1)=k^2-4k+4$$

だね*。でもよく見ると，右辺は特別な形をしているよね。

そうなんですか？

$k^2-4k+4=(k-2)^2$ と因数分解できるだろう？ これはある数の2乗だから，結局この判別式は，k が何であっても負にはならないことがわかる。

そうか。じゃあ，いつでも2つ実数解があるんですね？

と言いたいところだけどね。

---

* 2次方程式 $ax^2+bx+c=0$ の判別式 D は $D=b^2-4ac$ で与えられる。

1-2 2次関数とその接線

🧑 違うんですか？

👨 $k=2$ の場合があるだろう。

🧑 そのときは $D=(2-2)^2=0$ ですね。これが何か？

👨 高校でもやっただろうけど，このとき「重解」が発生する。つまり，2つの実数解がだんだん近づいてきて，完全に一致してしまう場合だ。

🧑 聞いたことはあります。

👨 これをグラフ上で見ると，k の値が2に近づくにつれて，もうひとつの交点の位置がだんだんと $(-1, 1)$ に近づいていくことがわかる。

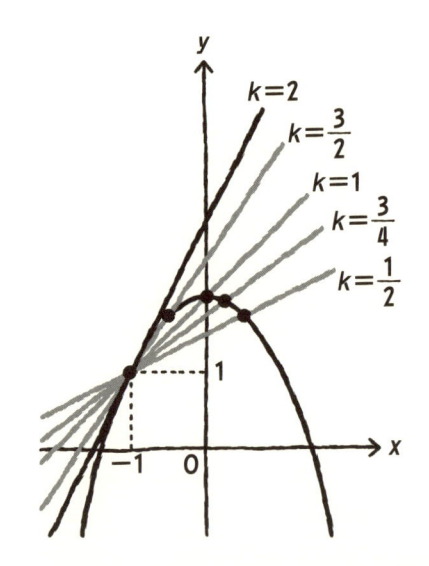

👨 こうして，2つの交点が完全に一致すると，2次関数 $y=-x^2+2$ と1次関数 $y=k(x+1)+1$ の共有点はただ1つだけになる。

🧑 そうか。これが，重解の場合ですね。

👨 そう。重解の場合をグラフで見ると，1次関数は2次関数に「接する」ことがわかる。そして，このただ1つだけの共有点 $(-1, 1)$ のことを「接点」といい，このときの1次関数，つまり傾き $k=2$ の直線

$$y=2(x+1)+1=2x+3$$

を「接線」というんだ。

🧑「接線」だけでもこんなにややこしい話ができるんですね。

👨だから,「ややこしい」んじゃなくて,内容豊かな話なんだって。

● 微分係数

👨ところで,この「接線の傾き」なら,2次方程式の判別式なんて考えなくてもわかるよね？

🧑そうなんですか？ また苦手な話になっていく気がしますが……

👨微分係数の計算をやったことがあるだろう？

🧑やっぱり「微分」が出てきましたか。これなしで済ませられないんですか？

👨それは無理だろうなあ。

🧑でも判別式で接線は求まりましたよね？

👨いずれわかることだけど,それは2次関数の接線の話だったからだよ。もっと別の関数だと,そうはうまくいかない。それに,一度理解してしまったら「微分」の威力はもう手放せなくなるよ。

🧑そうかなあ？ 微分って,たいてい「限りなく小さい」とかの話になりますよね。どうしてもその話になると,全然わからなくなっちゃうんです。

👨そうだと思って「重解」の話を先にしておいたんだ。とにかく,2次関数 $f(x)=-x^2+2$ の微分係数を求めてみよう。

🧑「微分係数」って？

👴……。だから「接線の傾き」のことだけど。

👦なんでそんな別の呼び方をするんですか？

👴それは実際求めてみればわかるよ。まず，$x=a$という点での微分係数を考えよう。

👦はあ。

👴判別式のときと同様に，まずaから少しずれた$a+h$という点を考えて，$f(a)$と$f(a+h)$の2点を結ぶ直線を引こう。一応，hが正の場合，つまり$h>0$のときを考えるよ。

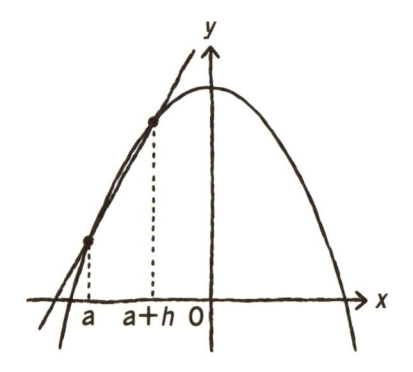

👴このとき，この直線の傾きkは$f(x)$を使ってどう書けるだろう？

👦えー。わからないです。

👴じゃあ，こういう直角三角形を考えてみよう。

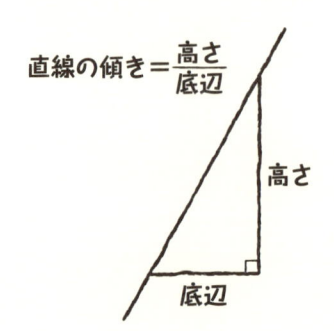

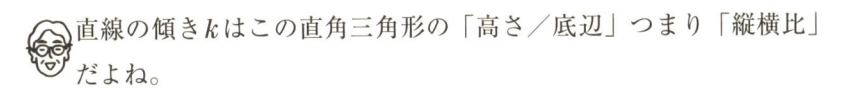

👨‍🦳 直線の傾き k はこの直角三角形の「高さ／底辺」つまり「縦横比」だよね。

👦 何ですか，それは？

👨‍🦳 さっき見たように，「直線の傾き」というのは x の値が1増えたときの y の増加分だったね。

👦 そうでしたね。

👨‍🦳 これはつまり，図の直角三角形の底辺の長さが1のときの「高さ」が傾きになるということを意味しているよね。

👦 はい。

👨‍🦳 じゃあここで，この直角三角形の底辺を h に縮めたものを考えよう。

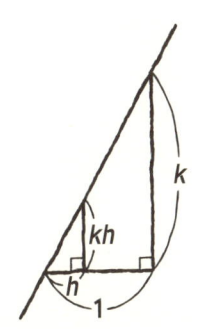

👨‍🦳 この小さい直角三角形ともとの直角三角形の関係は？

👦 相似？

👨‍🦳 そう。2つの直角三角形は相似形だ。小さい方は底辺を h に縮めて作ったので，高さも同時に h 倍に縮むね。

👦 じゃあ，その高さは？

👨‍🦳 もとの高さが k だから，kh となる。

👨‍🦳 これを「底辺」の長さ，つまり h で割ってみると，$kh \div h = k$ となり，やはり同じ直線の傾きになる。つまり，「直線の傾き」とはその直

線上の2点，aと$a+h$から作った直角三角形の「縦横比」になるんだ。2次関数$f(x)$を使って数式で書けば，その傾きは，

$$k = \frac{f(a+h) - f(a)}{h}$$

のように求められる。

🧑 そうか。

👨 このkは$x=a$と$x=a+h$の間で，2次関数$f(x)$が「どれだけ変化しているか」を表している。つまり，「平均的な変化率」ということができるよね。

🧑 そうですね。

👨 じゃあ次に，ちょうど$x=a$という点での$f(x)$の「瞬間的な変化率」を求めてみよう。

🧑 そんなことができるんですか。

👨 だって，それこそが「接線の傾き」だからね。実際，さっきは求まっただろう。

🧑 はあ。どうすればいいんですか？

👨 それには点$x=a+h$を限りなく$x=a$に近づけていけばいいんだ。また図に描いてみよう。

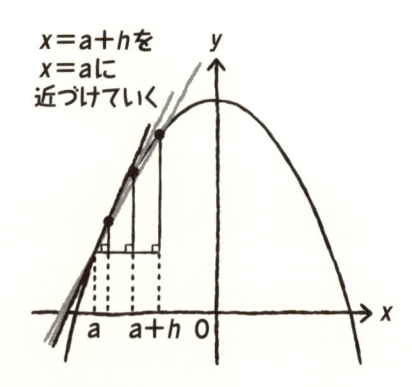

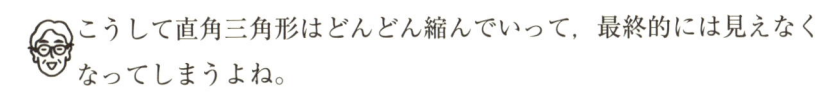

😀 こうして直角三角形はどんどん縮んでいって，最終的には見えなくなってしまうよね。

😃 これじゃあ「高さ／底辺」なんかわからないじゃないですか。

😀 それでも，その縦横比は極限値として
$$\lim_{h \to 0} \frac{f(a+h)-f(a)}{h}$$
のように書くことはできるだろう。

😃 この $\lim_{h \to 0}$ という記号が出てくると，考える気力がなくなっちゃうんです。ただ単に $h=0$ を代入したものと何か違うんですか？

😀 **極限**というのは，h を限りなく0に近づけることだけど，この操作の間，$h>0$ の条件はいつも保たれているんだ。つまり，h をどんどん0に近づけるんだけど，決して0そのものにはしないんだよ。だって，そうでなければ直角三角形の縦横比なんて意味がなくなっちゃうだろう。

😃 そう言われるとなんとなくわかりますけど，どうも新しい記号が出てくると，そこで考えが止まっちゃうんです。

😀 まあ，それは誰でもそうだよ。最初はわからなくても，とりあえず先へ進むと，あとからわかってくることも多いから，気にせず先に進むのも「あり」だと思う。でも，数学では意味のない記号は1つもないことだけは意識しておいた方がいいね。

😃 はあ。そんなものなんでしょうか。で，この極限値がどうしたんですか？

😀 そうそう，ここが一番大切なところなんだけど，この限りなく小さな直角三角形の縦横比をきちんと計算できる場合があるんだ。この微小な直角三角形の「縦横比の極限値」のことを「微分係数」と呼ぶよ。

😃 本当に計算できるんですか？

実際計算してみよう。今のように $f(x)=-x^2+2$ の場合，$x=a$ での微分係数は，

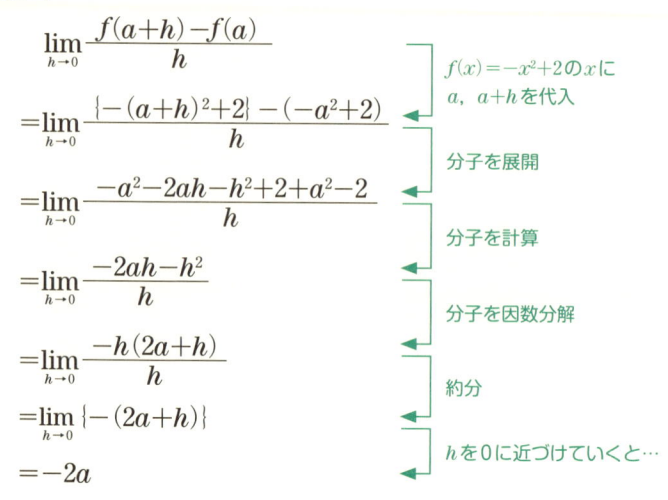

$$\lim_{h \to 0} \frac{f(a+h)-f(a)}{h}$$
$$=\lim_{h \to 0} \frac{\{-(a+h)^2+2\}-(-a^2+2)}{h}$$ ← $f(x)=-x^2+2$ の x に a, $a+h$ を代入
$$=\lim_{h \to 0} \frac{-a^2-2ah-h^2+2+a^2-2}{h}$$ ← 分子を展開
$$=\lim_{h \to 0} \frac{-2ah-h^2}{h}$$ ← 分子を計算
$$=\lim_{h \to 0} \frac{-h(2a+h)}{h}$$ ← 分子を因数分解
$$=\lim_{h \to 0} \{-(2a+h)\}$$ ← 約分
$$=-2a$$ ← h を0に近づけていくと…

ときちんと計算できる。これが数式で考えることの強みだね。この $f(x)$ から導いた $x=a$ での微分係数を $f'(a)$ と書くのが習慣だね。

この書き方は，高校でも見たことがあります。

もちろんそうだろう。じゃあ，例えば，$x=-1$ での「微分係数」はいくらになるかな？

$f'(a)=-2a$ に $a=-1$ を代入すればいいんですね。$-2\times(-1)$ で，微分係数は2ですか？

それで正解。さっきの判別式から導いた「接線の傾き」の2と一致しているね。

そうですね。

もちろんこれは偶然じゃないよ。判別式を使った接線の傾きの求め方と，微分係数の求め方は，いずれも直線が曲線に1点だけで「接する」という条件になっていたから，一致するのは当然なんだ。

なんとなく，「接する」の意味がわかってきました。

🧑‍🦳 まあ，今日はこのくらいにしておこうか。

🧑 ありがとうございました。また質問に来てもいいですか？

🧑‍🦳 手が空いていれば，いつでも付き合うよ。

まとめ

●接線と接点

　2次関数（放物線）と1次関数（直線）がただ1つの共有点を持つとき，直線は放物線に「接する」といい，このときの直線を「接線」，ただ1つの共有点を「接点」という。

●微分係数

　関数 $f(x)$ の $x=a$ での微分係数 $f'(a)$ は

$$f'(a)=\lim_{h \to 0}\frac{f(a+h)-f(a)}{h}$$

と定義される。

　微分係数 $f'(a)$ は $y=f(x)$ の $x=a$ における「接線の傾き」に等しい。

第2章
いろいろな関数とその微分法

この章で学ぶこと

- いろいろな関数の導関数
  - n次関数
  - 有理関数
  - 代数関数
  - 三角関数
  - 指数関数
  - 対数関数
- いろいろな微分公式
  - 和の微分公式
  - 積の微分公式
  - 商の微分公式
  - 合成関数の微分公式

2-1 n次関数とその導関数

講義が始まって数週間後,再びA君はK先生の研究室を訪れた。

🧑 今いいですか？

👨 ああ,A君か。いいよ。なんか深刻な顔をしているね。

🧑 もう,講義から落ちこぼれそうです。

👨 そんなことだろうとは思ったけど……

🧑 先生と一緒に少し復習したいんですが,いいですか？

👨 ああ。どこから話そうか？

🧑 このところ,なんだかいろいろ新しい関数や言葉が出てきて,どこから聞けばいいのかよくわかりません。

🟢 導関数とは

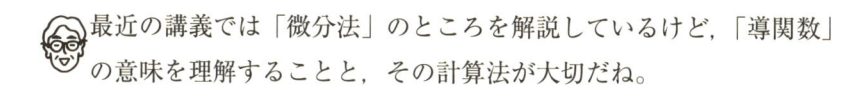

👨‍🏫 最近の講義では「微分法」のところを解説しているけど,「導関数」の意味を理解することと, その計算法が大切だね。

🧑 あっ! それです。その「微分法」とか「導関数」っていうのが何なのかよくわからなかったんです。「微分係数」との関係もよくわからないし……

👨‍🏫 そういうことか。以前*, $f(x)=-x^2+2$ の「微分係数」, つまり接線の傾きを求めたよね。

🧑 はい。少しは覚えています。

👨‍🏫 $x=a$ のときの微分係数 $f'(a)$ の形も覚えてる?

🧑 確か, $f'(a)=-2a$?

👨‍🏫 そう。それで正解。で, この微分係数の式の意味は, 好きなように選んだ a の値に対して, そのときの $-x^2+2$ の微分係数を与えていることがわかるだろう?

🧑 はあ。まあ, そうですね。

👨‍🏫 ということは, a は任意の実数と考えてよいということだね。

🧑 「任意の実数」というのは, 実数なら何でもいい, ということでしたよね?

👨‍🏫 そうそう。つまり, $f'(a)=-2a$ という式は, $f(x)=-x^2+2$ という関数の任意の $x=a$ における微分係数を教えてくれているんだ。

🧑 それはわかりますけど, じゃあ「導関数」って何ですか?

---

*第1章参照。

2-1 n 次関数とその導関数

まあ、あわてるなって。ここでは a というのはどうせ任意の実数なんだから、いつものように変数 x を使って書けば、

$$f'(x) = -2x$$

となるけど、これはある実数 x に対して「関数 $-x^2+2$ の微分係数を返す関数」になっていることがわかるね。

返す？

つまり、値 y として $f(x) = -x^2+2$ の微分係数を持つ関数ってこと。例えば、$x=1$ なら微分係数は -2 だし、$x=-1$ なら微分係数は 2 となることがすぐわかるよね。で、この「値として微分係数を返す関数」$f'(x) = -2x$ は、もとの関数 $f(x) = -x^2+2$ から導かれたものだから、これを **導関数** と呼ぶんだ。

なんだ、そういうことですか。

そして、「導関数を求める操作」のことを「微分する」という。それから、いろいろな微分の方法を総称して **微分法** ともいうね。

「微分する」ってよく聞く言葉ですけど、そういうことだったんですね。導関数もやっとわかりました。

それでもちろん、もとの関数 $f(x)$ が変われば導関数も変わる。ここからしばらく、いろいろな関数の導関数を求める方法、つまりいろいろな関数の微分法を見ていこう。

はい。

● x^n の導関数

じゃあまずは、この前出てきた1次関数・2次関数を一般化した n 次関数を考えよう。

😀「一般化」って？

👴しょうがないなあ。2次関数

$$f(x)=ax^2+bx+c$$

の次は3次関数

$$f(x)=ax^3+bx^2+cx+d$$

その次は4次関数，5次関数，…というように，どんどん新しい関数が作れるだろう？

😀まあ，そうですね。

👴こんなふうにして，任意の自然数nに対して「n次関数」というものが作れるはずだね。

😀はあ。なんで突然nが出てくるんですか？

👴これが「一般化」ということだよ。今，nは任意の自然数だから，$n=8$でも$n=15$でも何でもいい。こういうのを一括して書き表すために，nという文字を使っているんだ。

😀そういうことですか。でも，nが100とか1000とかになったら，関数を書くだけでも大変じゃないんですか？

👴まあ，その話は置いといて，まずは単純に$f(x)=x^n$の導関数を求めてみようか。

😀微分するってことですよね。

👴そう。つまり，あるxという点での微分係数が求められればいい。

😀でも，nが決まってないのに導関数を求めることができるんですか？

👴それはもっともな疑問だけど，実は大丈夫なんだ。とにかく，導関数の定義式を書くことから始めよう。

😀定義式？

つまり，任意の関数$f(x)$の導関数を「形だけ」書いてみようってことだ。

そんなことができるんですか？

だって，導関数の値というのは各xにおける微分係数なんだから，$x=a$での微分係数の定義式

$$f'(a)=\lim_{h\to 0}\frac{f(a+h)-f(a)}{h}$$

はそのまま導関数の定義式になるはずだからね。

ということは？

関数$f(x)$の導関数はaをxと書き直して

$$f'(x)=\lim_{h\to 0}\frac{f(x+h)-f(x)}{h}$$

とすればいい。

ただaをxに置き換えただけじゃないんですか？

そうじゃないんだ。ここでの文字の置き換えにはちゃんとした意味があって，xが「変数」であるところがポイントなんだ。これに対して，以前使ったaはある特定の数を表している。数学ではこういうことをよくするんだ。

はあ。そうなんですか。

じゃあ，早速この定義式を使って$f(x)=x^n$の導関数を求めてみよう。

わかりました。

導関数の定義に忠実に従うと，

$$f'(x)=(x^n)'=\lim_{h\to 0}\frac{(x+h)^n-x^n}{h}$$

だね。

こんな計算，本当にできるんですか？

🧑‍🏫 問題は右辺の分子

$$(x+h)^n - x^n$$

だね。これをどう処理すればいいかにかかっている。

🧑 やっぱり n があるとよくわかりません。

🧑‍🏫 じゃあ，最初は $n=3$ とおいてみよう。このときは，どう計算できるかな？

🧑 えーと，$(x+h)^3$ の展開をすればいいんですか？

🧑‍🏫 そうだね。x^3 を引くのを忘れないように。

🧑 これくらいならできると思います。

$$(x+h)^3 - x^3 = (x^3 + 3x^2 h + 3xh^2 + h^3) - x^3$$

となります。

🧑‍🏫 だから x^3 を引くのを忘れてるよ。最初の項と打ち消しあうだろう？

🧑 あ，そうか。

$$(x+h)^3 - x^3 = 3x^2 h + 3xh^2 + h^3$$

ですね。

🧑‍🏫 そうだね。これで右辺の分子が計算できたけど，分母には h があるから，結局

$$\begin{aligned}(x^3)' &= \lim_{h \to 0} \frac{(x+h)^3 - x^3}{h} \\ &= \lim_{h \to 0} \frac{3x^2 h + 3xh^2 + h^3}{h} \\ &= \lim_{h \to 0} \frac{h(3x^2 + 3xh + h^2)}{h} \\ &= \lim_{h \to 0} (3x^2 + 3xh + h^2)\end{aligned}$$

となることがわかった。

🧑 2次関数のときと似てますね。

🧑‍🏫 まあ，そうだね。最後に $h \to 0$ の極限をとると

$$\lim_{h \to 0}(3x^2+3xh+h^2)=3x^2$$

だから,

$$(x^3)'=3x^2$$

が導けた。

🧑 この公式はどこかで見たような気が……

👨 これは高校の数学でも出てくるよね。

🧑 そうでした。

👨 じゃあ, いよいよ一般の n の場合を計算してみよう。ただし, $n \geq 1$ としておくよ。

🧑 はい。

👨 $n=3$ のときと同様に,

$$(x+h)^n = \underbrace{(x+h)(x+h)\cdots(x+h)}_{n \text{個}}$$

を展開すればいいんだけど, 今度は n が具体的に与えられていないから, どうする?

🧑 これを展開するんですか? 僕には絶対無理です。

👨 まあ, 冷静に考えてみよう。この式が x についての n 次式だっていうのはいいかな?

🧑 そうなんですか?

👨 だって, これを展開したときには最大でも x^n の項までしかなくて, x^{n+1} を含んだ項は絶対に出てこないだろう?

🧑 $(x+h)$ が n 個しかないからですか?

👨 そうそう。だから, この式は n 次式ということになる。x の次数が大きいところを少しだけ計算してみよう。

🧑 はい。

👨 まず、最大次数の x^n の項だけど、これは各 $(x+h)$ から x だけを選んで積をとったものだね。

x だけを選んでかける

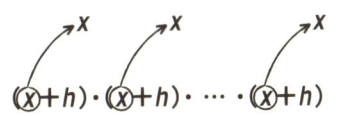

$$(\underset{\downarrow}{x}+h)\cdot(\underset{\downarrow}{x}+h)\cdot\cdots\cdot(\underset{\downarrow}{x}+h)$$

👨 このような項の数は明らかに1つしかないから、まずは

$$(x+h)^n = x^n + \cdots$$

ということがわかった。

🧑 その「…」は何ですか？

👨 このあと、さらに項が続くということだね。次は x^{n-1} の項を見てみよう。

🧑 はい。

👨 今度は、x が1つ少ない項だから、その代わりに h が1つ含まれて $x^{n-1}h$ のような項になる。

🧑 どうしてですか？

👨 だって、n 個の文字式 $(x+h)$ の積だから、その結果は n 個の文字の積になっているはずだからね。つまり、各項の x の次数と h の次数を足すと必ず n になっているんだ。

🧑 はあ。

👨 それで問題は、そのような項の数がいくつあるかということだけど、これも実は簡単で、n 個の $(x+h)$ の積

$$\underbrace{(x+h)(x+h)\cdots(x+h)}_{n\text{個}}$$

2-1 n 次関数とその導関数　47

で,「何番目の$(x+h)$からhを選ぶか」という場合の数だけあることは明らかだよね。

👦 そうですね。

👨 で,それはいくつある？

👦 n個？

👨 正解。つまり次にくるのは$nx^{n-1}h$という項。この項も加えて,
$$(x+h)^n = x^n + nx^{n-1}h + \cdots$$
がわかった。

👦 でも,まだ続くんですよね？

👨 いや,ここまででいいんだ。

👦 そうなんですか？

👨 これ以降は,hについて2次の項,3次の項と続くはずだよね。なぜならば,xの次数がどんどん減ってくるから。

👦 何でそういう項は必要ないんですか？

👨 それはちゃんと計算した方がわかりやすいと思う。結局,
$$(x+h)^n - x^n = (x^n + nx^{n-1}h + \alpha x^{n-2}h^2 + \cdots) - x^n$$
$$= nx^{n-1}h + \alpha x^{n-2}h^2 + \cdots$$
となるよね。

👦 何ですか,そのαは？

👨 $x^{n-2}h^2$の項の係数,つまり「ある定数」だけど,計算する必要はないから適当にαとおいたんだ(コラム参照)。

👦 そんないい加減なことでいいんですか？

👨 まあ見てなよ。分母にhがあるから約分をすれば,

$$(x^n)' = \lim_{h \to 0} \frac{nx^{n-1}h + \alpha x^{n-2}h^2 + \cdots}{h}$$

$$= \lim_{h \to 0} (nx^{n-1} + \alpha x^{n-2}h + \cdots)$$

（hで約分）

となるね。

🧑 はあ。「…」が残ってますけど，どうするんですか？

👨 ここは，hについて2次以上の項だ。なぜなら，もともと分子でhについて3次以上の項をhで割ったものだからね。

🧑 ということは？

👨 $h \to 0$の極限でこれらの項は0になってしまうんだ。つまり，

$$(x^n)' = \lim_{h \to 0}(nx^{n-1} + \alpha x^{n-2}h + \cdots) = nx^{n-1}$$

ということだね。

🧑 これがx^nの導関数ですか？

👨 そう。簡単な公式だね。これがあれば，x^{100}でもx^{1000}でも微分ができるね。

🧑 $(x^{100})' = 100x^{99}$とかでいいんですか？

👨 そうそう。

> ## コラム K先生の独り言「ある定数 α」
>
> 会話に出てきた「ある定数 α」について調べよう。$(x+h)^n$の展開は2項展開の公式
>
> $$(x+h)^n = \sum_{k=0}^{n} \binom{n}{k} x^{n-k} h^k$$
>
> として知られている。ここで，各項の係数
>
> $$\binom{n}{k} = \frac{n!}{(n-k)!\,k!}$$
>
> は2項係数と呼ばれ，異なるn個のものからk個を選び出す場合の数である。これを使って，
>
> $$\alpha = \binom{n}{2} = \frac{n!}{(n-2)!\,2!} = \frac{n(n-1)}{2}$$
>
> となる。もちろん，それ以外のすべての係数も具体的に書くことができるよ。

● 和の微分公式

じゃあ，この公式だけ覚えればn次関数の微分はできるんですか？

うーん。それほど単純じゃないよね。例えば，

$$f(x) = 2x^5 + 3x^3 + x^2 + 3$$

を微分してみよう。

項がたくさんありますけど……

そういう場合は，「和の微分公式」

$$\{f(x) + g(x)\}' = f'(x) + g'(x)$$

が使える。関数の和の導関数は，それぞれの導関数の和になるんだ。証明は左辺を導関数の定義式に当てはめるだけだから簡単だ。$g(x)$を$-g(x)$に置き換えれば「差の微分公式」が成り立つことも明ら

かだね。

🧑 でも今は4つも項がありますよ。これでも使えるんですか？

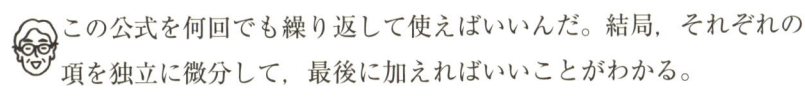

👴 この公式を何回でも繰り返して使えばいいんだ。結局，それぞれの項を独立に微分して，最後に加えればいいことがわかる。

🧑 じゃあやってみます。各項ごとに微分して，

$$f'(x) = 2 \cdot 5x^4 + 3 \cdot 3x^2 + 2x + \cdots$$

あれ，3はどうやって微分するんですか？

👴 そういえば，0次関数つまり定数関数の話はしていなかったね。でも，これはグラフからすぐにわかる。

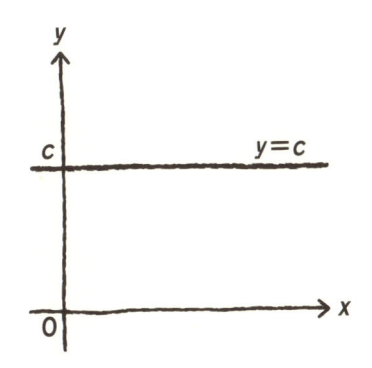

👴 定数関数はいつも一定値だから，その微分係数は，どこでも0だね。これは導関数がいつでも0であることを示す。式で書けば，cを定数として，

$$(c)' = 0$$

だね[*]。

🧑 定数は微分すると0なんですね。ということは

$$f'(x) = 10x^4 + 9x^2 + 2x$$

でいいですか？

👴 それで正解。

---

[*] これは，もちろん導関数の定義式からもすぐに示せる。

積の微分公式

じゃあ，次は

$$f(x) = (x^3 - 2x^2 + 5)(x^2 + x + 1)$$

の $x=0$ での微分係数，つまり $f'(0)$ を求めてみよう。

あ，それなら簡単です。$f(0) = 5 \cdot 1 = 5$ だから，「定数の微分は0」を使えば，$f'(0) = 0$ ですよね？

残念ながら，それは違うよ。微分係数というのは，導関数の値のことだから，まず $f(x)$ を微分して導関数を求めてから $x=0$ を代入しなければならないね。

なんだ。できたと思ったのに。

あわてずやってみよう。まず $f(x)$ を微分するには，どうする？

また和の微分公式を使うんですか？

よく見てごらん。$f(x)$ はただの和の形になってないだろう？

ああそうか。じゃあ，展開して和の形にするんですか？

もちろんそれでもいいんだけど，ちょっと大変だね。

何かいい方法があるんですか？

「積の微分公式」というのがあるんだ。関数 $f_1(x)$ と $f_2(x)$ の積を微分すると，次のようになる*。

$$\{f_1(x) f_2(x)\}' = f_1'(x) f_2(x) + f_1(x) f_2'(x)$$

---

*導関数の定義式に従えば，次のように証明できる。

$$\begin{aligned}
\{f_1(x) f_2(x)\}' &= \lim_{h \to 0} \frac{f_1(x+h) f_2(x+h) - f_1(x) f_2(x)}{h} \\
&= \lim_{h \to 0} \frac{f_1(x+h) f_2(x+h) - f_1(x) f_2(x+h) + f_1(x) f_2(x+h) - f_1(x) f_2(x)}{h} \\
&= \lim_{h \to 0} \frac{f_1(x+h) - f_1(x)}{h} f_2(x+h) + f_1(x) \lim_{h \to 0} \frac{f_2(x+h) - f_2(x)}{h} \\
&= f_1'(x) f_2(x) + f_1(x) f_2'(x)
\end{aligned}$$

🧑 どこかで見たような気がします。

👴 もちろん高校の教科書にも載ってるよ。今回はこれが使えるね。

$$f_1(x) = x^3 - 2x^2 + 5$$
$$f_2(x) = x^2 + x + 1$$

とおいてそれぞれ微分してごらん。

🧑 えーと,

$$f_1'(x) = 3x^2 - 4x$$
$$f_2'(x) = 2x + 1$$

でいいですか?

👴 じゃあ,ここで「積の微分公式」を適用しよう。

$$f'(x) = \{f_1(x)f_2(x)\}' = f_1'(x)f_2(x) + f_1(x)f_2'(x)$$
$$= (3x^2 - 4x)(x^2 + x + 1) + (x^3 - 2x^2 + 5)(2x + 1)$$

だね。

🧑 これを展開すればいいんですか?

👴 まあ,導関数をきれいに書きたければ展開だけど,今求めたいのは $x=0$ での微分係数だから,ただ代入すればいい。

🧑 えーと,

$$f'(0) = 0 \cdot 1 + 5 \cdot 1 = 5$$

ですか?

👴 それで正解だね。

合成関数の微分

🧑 和と積の微分公式があれば,どんな n 次関数でも微分できるんですね。

😀 まあそうなんだけど，もうひとつ知っておいた方がいい公式があるんだ。

😀 まだあるんですか。

😀 今度の公式は，より重要かもしれないね。また例題で考えるよ。例えば，

$$f(x)=(x^2+3)^{10}$$

を微分してみようか。

😀 積の微分公式は使えないんですか？

😀 この関数は10個のx^2+3の積でできているから，使えないこともないけどあまり便利じゃないね。こういう場合は「合成関数の微分公式」を使うんだ。

😀 あ，それは一番苦手なやつです。できれば使いたくないんですけど……

😀 でも，これがないと導関数の計算は手も足も出ない場合が多いんだ。ただ，これをうまく使えない人もまた多いようだけど。

😀 やはり，使えなければならないんですね。

😀 そういうこと。公式を書く前に，少し準備をしよう。まず，いつものように関数を$y=f(x)$と書いて，この導関数を

$$f'(x)=\frac{dy}{dx}$$

と書くことにしよう。

😀 右辺のdは約分できないんですか？

😀 これは「yをxで微分する」というひとつの記号だから，約分してはならないよ。

😀 はあ。

👴 それで，今考えているのは関数$f(x)$が

$$y=f(u(x))$$

のような形をしている場合だね。実際，今の場合なら$u(x)=x^2+3$と$f(u)=u^{10}$のようになっている。

👦 そうなんですか？

👴 それは，実際に代入すればわかるよ。

$$y=f(u(x))=\{u(x)\}^{10}=(x^2+3)^{10}$$

となるよね。

👦 そうか。

👴 こういう関数を，fとuの**合成関数**というんだ。じゃあ，合成関数の微分公式を書こう。$y=f(u(x))$をxで微分すると，

$$\frac{dy}{dx}=\frac{dy}{du}\frac{du}{dx}$$

となる。

👦 だめです。もう公式の意味が全然わかりません。

👴 左辺はyをxで微分するという意味だね。

👦 じゃあ，右辺は？

👴 yを変数uで微分した導関数と，uを変数xで微分した導関数の積，ということだね。で，左辺の$\frac{dy}{dx}$が右辺のように書ける，というのがこの公式の意味だ。

👦 じゃあ，具体的にどう使えばいいんですか？

👴 $f'(x)=\frac{dy}{dx}$を求めるのに必要なのは，$\frac{dy}{du}$と$\frac{du}{dx}$だから，まずこれらを計算してみよう。

👦 えーと，

$$\frac{dy}{du}=10u^9, \quad \frac{du}{dx}=2x$$

でいいですか？

そうだね。結局，これらをかけ合わせて

$$\frac{dy}{dx}=10u^9\times 2x=10(x^2+3)^9\times 2x=20x(x^2+3)^9$$

となる。和・積・合成関数の微分公式は今後もよく使うから，慣れておこう。

コラム　K先生の独り言「合成関数の微分公式」

合成関数の微分公式

$$\frac{dy}{dx}=\frac{dy}{du}\frac{du}{dx}$$

がどうして成り立つのか，見ておこう。

　2つの関数 $y=f(u)$ と $u=g(x)$ があるとする。つまり，実数 x に対して実数 u が決まる写像と，実数 u に対して実数 y が決まる写像がそれぞれ与えられているとする。この2つの写像を続けて行えば，

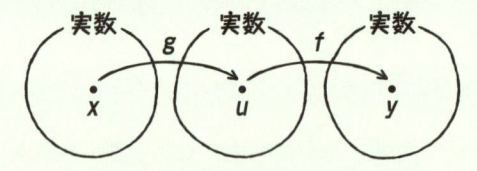

のようになり，x に対して y を決めることができる。これで，

$$y=f(u)=f(u(x))$$

という関数が作られたことになる。この関数は，u と f という2つの関数を「合成」して作ったものだから「合成関数」と呼ぶ。今求めたいのは

$$\frac{dy}{dx}=[f(u(x))]'$$

だけど，$f(u)$ も $u(x)$ もそれぞれ微分ができる，つまり導関数が存在することは仮定しておこう。以前に説明したように(1-2節参照)，微

分係数の図形的な意味は，直角三角形の縦横比の極限値だった．つまり，あるxにおける直角三角形の底辺をΔx，高さをΔyとすれば，

$$\frac{dy}{dx}=\lim_{\Delta x\to 0}\frac{\Delta y}{\Delta x}$$

と書けて，$\Delta x\to 0$のとき，同時に$\Delta y\to 0$となる．言い換えれば，この極限値が存在することが「微分ができる」ということになる．ところで，yはuの関数として与えられていたから，uを少し動かしたときのyの変化は

$$\Delta y=f(u+\Delta u)-f(u)$$

と書ける．また，uはxの関数だから同様に

$$\Delta u=u(x+\Delta x)-u(x)$$

となる．$\Delta x\to 0$のとき$\Delta u\to 0$となることは，$u(x)$が微分できるという条件から保証されている．ここで，

$$\lim_{\Delta x\to 0}\frac{\Delta y}{\Delta x}=\lim_{\Delta x\to 0}\frac{\Delta y}{\Delta u}\frac{\Delta u}{\Delta x}$$

のように書きなおせば，極限値は

$$\frac{dy}{dx}=\lim_{\Delta x\to 0}\frac{\Delta y}{\Delta x}=\lim_{\Delta x\to 0}\frac{\Delta y}{\Delta u}\frac{\Delta u}{\Delta x}=\lim_{\Delta u\to 0}\frac{\Delta y}{\Delta u}\times\lim_{\Delta x\to 0}\frac{\Delta u}{\Delta x}=\frac{dy}{du}\frac{du}{dx}$$

のように計算できて，合成関数の微分公式が導ける．ただし，ここでは極限値の公理

$$\lim A\cdot B=\lim A\cdot\lim B$$

を使った．これは$\lim A$と$\lim B$が存在すれば成り立つ．合成関数の微分公式を連鎖律（chain rule）と呼ぶことも多い．

まとめ

● x^n の導関数

$$(x^n)' = nx^{n-1}$$

● 和・積の微分公式

$$\{f_1(x) + f_2(x)\}' = f_1'(x) + f_2'(x)$$
$$\{f_1(x) f_2(x)\}' = f_1'(x) f_2(x) + f_1(x) f_2'(x)$$

● 合成関数の微分公式

$f(u)$ と $u(x)$ の合成関数 $y = f(u(x))$ の微分公式は,

$$\frac{dy}{dx} = \frac{dy}{du} \frac{du}{dx}$$

2-2 有理関数と代数関数

● x^{-n} の導関数

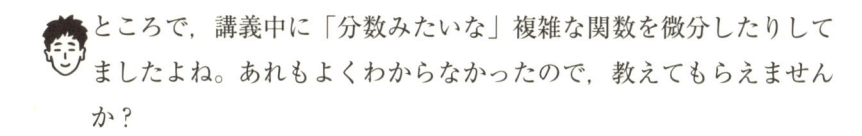

- ところで，講義中に「分数みたいな」複雑な関数を微分したりしてましたよね。あれもよくわからなかったので，教えてもらえませんか？

- ああ，「有理関数」とその微分だね。まずは一番簡単なものから考えよう。関数 x^n で，次数 n が負の整数の場合を考えるんだ。

- 負の整数って -1 とかのことですか？

- そう。$n=-1$，-2，-3，…のように無限に続くよね。それで，例えば，$n=-2$ なら

$$x^{-2}=\frac{1}{x^2}$$

ということだから，こういう形をした関数の微分法を調べよう。

- えーと，$x^{-2}=\frac{1}{x^2}$ なんですか？

- これは以前解説した指数法則からわかることだね。例えば，

$$x^2 x^{-2}=x^{2-2}=x^0=1$$

だから，両辺を x^2 で割れば $x^{-2}=\frac{1}{x^2}$ になるよね。もちろん一般に

$$x^{-n}=\frac{1}{x^n}$$

だね。

- そうだったのか。で，これはどうやって微分するんですか。

もちろん導関数の定義式に当てはめればいいんだけど，今後のために，ある公式を求めておこう。0にならない関数$g(x)$に対して，関数$\dfrac{1}{g(x)}$の導関数は，

$$\left(\dfrac{1}{g(x)}\right)' = -\dfrac{g'(x)}{\{g(x)\}^2}$$

となる。

これはどうすれば求まるんですか？

導関数の定義式

$$f'(x) = \lim_{h \to 0} \dfrac{f(x+h) - f(x)}{h}$$

で，$f(x)$を$\dfrac{1}{g(x)}$に置き換えれば求まる。まず，極限をとる前の形を計算しておこう。分子だけを見ると，

$$f(x+h) - f(x) = \dfrac{1}{g(x+h)} - \dfrac{1}{g(x)} = \dfrac{g(x) - g(x+h)}{g(x+h)g(x)}$$

だから，

$$\left(\dfrac{1}{g(x)}\right)' = \lim_{h \to 0} \dfrac{1}{h} \dfrac{g(x) - g(x+h)}{g(x+h)g(x)}$$

となるね。

とても公式の形になりそうもないですけど……

あきらめず，$\dfrac{1}{h}$を分子に「押し付け」て$g(x)$の導関数を作るんだ。極限操作をやってみよう。

$$\begin{aligned}
\left(\dfrac{1}{g(x)}\right)' &= \lim_{h \to 0} \dfrac{g(x) - g(x+h)}{h} \dfrac{1}{g(x+h)g(x)} \\
&= \left(\lim_{h \to 0} \dfrac{g(x) - g(x+h)}{h}\right) \times \left(\lim_{h \to 0} \dfrac{1}{g(x+h)g(x)}\right)
\end{aligned}$$

となる。ここでは極限値の公理(前節コラム参照)を使ったよ。

はあ。

続きは，

$$= \left(-\lim_{h \to 0}\frac{g(x+h)-g(x)}{h}\right) \times \frac{1}{\{g(x)\}^2}$$
$$= -g'(x)\frac{1}{\{g(x)\}^2}$$

となって，結局
$$\left(\frac{1}{g(x)}\right)' = -\frac{g'(x)}{\{g(x)\}^2}$$
だね。

🧑 やっとたどり着きましたね。

👨‍🦳 じゃあ，さっそく x^{-2} を微分してみよう。

🧑 公式中の $g(x)$ が $g(x)=x^2$ ということですか？

👨‍🦳 そう。必要なのは $g'(x)$ と $\{g(x)\}^2$ だね。

🧑 $g'(x)=2x$ でしたよね？

👨‍🦳 それでいいね。もうひとつ $\{g(x)\}^2$ はどうなるかな？

🧑 これって，$g(x) \times g(x)$ のことですか？

👨‍🦳 もちろんそうだね。

🧑 じゃあ，$\{g(x)\}^2 = x^2 \times x^2 = x^4$ ですね。

👨‍🦳 これらを公式に代入すれば，
$$\left(\frac{1}{x^2}\right)' = -\frac{2x}{x^4} = -\frac{2}{x^3}$$
となるよね。

🧑 これが x^{-2} の導関数ですか？

👨‍🦳 そうなんだけど，今求めた式は $(x^{-2})' = -2x^{-3}$ と書くこともできる。これを見て何か気づかないかな？

🧑 というと？

🧑‍🦳 $n=-2$ とおけば，x^n の微分公式 $(x^n)'=nx^{n-1}$ がそのまま成り立っているだろう？

🧑 本当ですね。

🧑‍🦳 実は，この公式は一般に n が負の整数のときでも成り立つんだ。

🧑 そうなんですか？

🧑‍🦳 これは，今使った微分公式からすぐにわかる。n を自然数（1，2，3，…）として $g(x)=x^n$ とおけば，$g'(x)=nx^{n-1}$ と $\{g(x)\}^2=x^{2n}$ がわかるから，

$$(x^{-n})' = \left(\frac{1}{x^n}\right)' = -\frac{nx^{n-1}}{x^{2n}} = -nx^{n-1-2n} = -nx^{-n-1}$$

となるよね。

🧑 本当だ。公式通りになってる。

🧑‍🦳 ちょっとおもしろいだろう？

コラム　K先生の独り言「微分できない点」

関数 $\frac{1}{g(x)}$ を微分するときに，$g(x) \neq 0$ という条件をつけた。分母が 0 になると，関数の値が無限に大きくなってしまい，「微分係数」など考える意味がなくなってしまうからである。このことをグラフで見てみよう。例として $g(x)=x^2$ の場合を考える。これは関数 $\frac{1}{x^2}$ の場合だから，そのグラフは

$$y=\frac{1}{x^2}$$ のグラフ

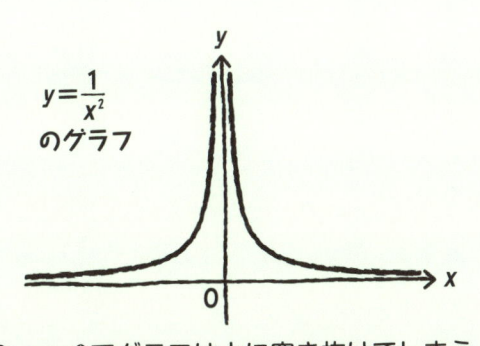

のようになり，$x=0$ でグラフは上に突き抜けてしまう。この点で関数 $\frac{1}{x^2}$ の値は無限に大きくなり，その値を数値として決めることはできなくなる。これを関数 $\frac{1}{x^2}$ は $x=0$ で「発散する」という。また，$x=0$ に近づくにしたがい，接線の傾きはどんどん垂直に近くなっていくこともわかる。これは，微分係数も $x=0$ で発散していて，その値が決まらないことを意味する。$x=0$ はこの関数を「微分できない」点なのである。$g(x) \neq 0$ という条件は，微分できない点を除くことを意味している。

● 商の微分公式

ところで，講義で出てきたのはもっと複雑な関数でしたよね。例えば，

$$\frac{x-3}{2x+1}$$

を微分するとか。

そうだったね。

こういうのは，どうやって微分するんですか？

方法はいくつかあると思うけど，いちばん適用範囲が広いのは「商の微分公式」を使うことだろうね。

「商の微分公式」ですか。聞いたことはあります。

これは，2つの関数$f(x)$と$g(x)$の比

$$\frac{f(x)}{g(x)}$$

の導関数を求める公式だけど，実は$\frac{1}{g(x)}$の微分公式を使えばすぐに求められるよ。

どうするんですか？

つまり，

$$\frac{f(x)}{g(x)} = f(x) \times \frac{1}{g(x)}$$

と考えて，積の微分公式

$$\{f_1(x)f_2(x)\}' = f_1'(x)f_2(x) + f_1(x)f_2'(x)$$

を使うんだ。

積の微分公式ですか？

そう，

$$\left(\frac{f(x)}{g(x)}\right)' = \left(f(x) \times \frac{1}{g(x)}\right)' = f'(x)\left(\frac{1}{g(x)}\right) + f(x)\left(\frac{1}{g(x)}\right)'$$

となるから，あとは$\frac{1}{g(x)}$の微分公式を使って，最後に通分すれば，

$$\begin{aligned}\left(\frac{f(x)}{g(x)}\right)' &= f'(x)\left(\frac{1}{g(x)}\right) + f(x)\left(\frac{1}{g(x)}\right)' \\ &= f'(x)\frac{1}{g(x)} + f(x)\frac{-g'(x)}{\{g(x)\}^2} \\ &= \frac{f'(x)g(x) - f(x)g'(x)}{\{g(x)\}^2}\end{aligned}$$

（$\frac{1}{g(x)}$を微分）

（通分）

が導ける。これが「商の微分公式」だね。

どう使えばいいんですか？

今の問題なら，$f(x)=x-3$，$g(x)=2x+1$とおいて公式を適用すればいい。必要なのは$f'(x)$と$g'(x)$，それから分母の$\{g(x)\}^2$だね。

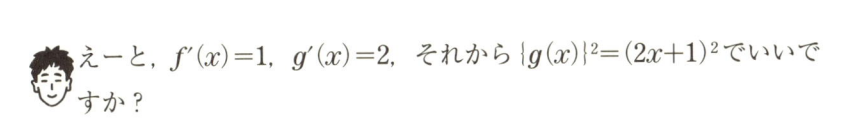

🧑 えーと，$f'(x)=1$，$g'(x)=2$，それから $\{g(x)\}^2=(2x+1)^2$ でいいですか？

👨‍🏫 そうだね。これらを代入して，

$$\left(\frac{x-3}{2x+1}\right)' = \frac{1\times(2x+1)-(x-3)\times 2}{(2x+1)^2} = \frac{7}{(2x+1)^2}$$

となるね。

🧑 複雑そうな関数でも，微分できちゃうんですね。

👨‍🏫 そうだね。こういう，

$$\frac{m 次関数}{n 次関数}$$

のような形の関数を**有理関数**というんだけど，これらは商の微分公式や合成関数の微分公式を適切に組み合わせることによって，微分ができるよ。

🟢 $\sqrt{x}$ の導関数

👨‍🏫 講義では $\sqrt{x}$ のような関数も出てきたけど，覚えてる？

🧑 どんどん難しくなりますね。この $\sqrt{}$ 記号が出てくると，またよくわからなくなります。

👨‍🏫 じゃあ，また復習。$\sqrt{2}$ の意味は「2乗すると2になる数」ということだったよね。

🧑 それくらいわかります。

👨‍🏫 同じように，ある数 x に対して，$\sqrt{x}$ とは「2乗すると x という数になる数を対応させる」という意味の関数だ。

🧑 関数ということは，グラフも描けるんですか？

2-2 有理関数と代数関数

😀 だんだんわかってきたみたいだね。もちろんグラフも描けるけど，注意すべきは定義域だね。つまり，この関数は $x \geq 0$ だけで定義されていて，グラフは

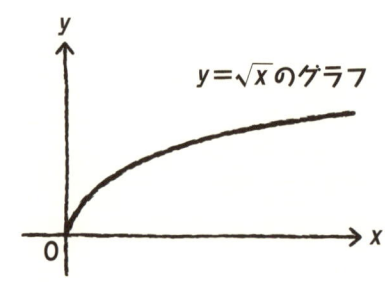

$y = \sqrt{x}$ のグラフ

のような形になる。

😀 どうして左半分がないんですか？

😀 $x < 0$ だと，平方根の中が負の数になってしまうよね*。

😀 そうか。

😀 じゃあ，次はこの関数 $f(x) = \sqrt{x}$ の導関数を求めてみよう。

😀 微分するってことですよね。また定義式ですか？

😀 今回は少し違うやり方をしてみよう。まず，等式

$$\sqrt{x} \times \sqrt{x} = x$$

に着目するんだ。

😀 はあ。これは何ですか？

😀 2乗すると x になるという，$\sqrt{x}$ の定義式だね。

😀 で，これをどうするんですか？

😀 両辺を微分する。このとき，左辺には積の微分公式を適用しよう。

😀 ということは？

---

*このような場合を含めて考えるには，関数を「複素関数」の範囲にまで拡張しなければならない。それは本書の範囲を超える内容である。

🧑‍🏫実際やってみよう。右辺の微分は1で，左辺は2つの$\sqrt{x}$の積だから，
$$(\sqrt{x})'\sqrt{x}+\sqrt{x}(\sqrt{x})'=x'=1$$
となるよね。この左辺の2項は同じものだから
$$2\sqrt{x}(\sqrt{x})'=1$$
つまり
$$(\sqrt{x})'=\frac{1}{2\sqrt{x}}$$
ということだ。

🧑これが導関数ですか？ なんだかだまされているような気がします。

🧑‍🏫もちろん，いつものように導関数の定義式から導いても同じ結果になるよ（コラム参照）。

🧑でも，この導関数は分母が0になっちゃいませんか？

🧑‍🏫そうだね。導関数は$x=0$で発散，つまり接線の傾きは$x=0$に近づくにつれて，だんだんと垂直になってくる。さっきのグラフからもそれは読み取れるね。ところで，$\sqrt{x}$の「指数」が$\frac{1}{2}$というのは知ってるよね。

🧑えっ！ そうなんですか？

🧑‍🏫だって，$\sqrt{x}\times\sqrt{x}=x$なんだから，$\sqrt{x}=x^a$とおけば，
$$\sqrt{x}\times\sqrt{x}=x^a\times x^a=x^{2a}=x$$
となって$2a=1$だろう？ これは，$a=\frac{1}{2}$ってことだよね。

🧑そうか。

🧑‍🏫一方，$\frac{1}{\sqrt{x}}$の指数は$\sqrt{x}$が分母にあるから$-\frac{1}{2}$となるよね。

🧑そうですね。

🧑‍🏫で，$(\sqrt{x})'=\dfrac{1}{2\sqrt{x}}$を指数を使って書きなおすと，
$$(x^{\frac{1}{2}})'=\frac{1}{2}x^{-\frac{1}{2}}$$

2-2 有理関数と代数関数

となる。

🧑 ただ書きなおしただけですよね？

👨 もちろんそうなんだけど，こう書くとn次関数の微分公式とまったく同じ形をしていることがわかる。nに$\frac{1}{2}$を代入してごらん。

🧑 $(x^n)'=nx^{n-1}$だったから，右辺の指数は$n-1=\frac{1}{2}-1=-\frac{1}{2}$で……あっ！　本当だ。

👨 n次関数の微分公式は，nが負の場合も含めた整数値のときに成り立つことは見てきたけど，実はnが任意の有理数の場合でも成り立つんだ。次はそれを見てみよう。

コラム　K先生の独り言「$\sqrt{x}$ の導関数」

$\sqrt{x}$ の導関数を定義式

$$(\sqrt{x})' = \lim_{h \to 0} \frac{\sqrt{x+h}-\sqrt{x}}{h}$$

に従って求めてみよう。それには極限をとる前に「分子を有理化」すればよい。つまり，

$$\sqrt{x+h}-\sqrt{x} = \frac{(\sqrt{x+h}-\sqrt{x})(\sqrt{x+h}+\sqrt{x})}{\sqrt{x+h}+\sqrt{x}}$$

$$= \frac{(\sqrt{x+h})^2-(\sqrt{x})^2}{\sqrt{x+h}+\sqrt{x}}$$

$$= \frac{x+h-x}{\sqrt{x+h}+\sqrt{x}} = \frac{h}{\sqrt{x+h}+\sqrt{x}}$$

だから，

$$(\sqrt{x})' = \lim_{h \to 0} \frac{\sqrt{x+h}-\sqrt{x}}{h}$$
$$= \lim_{h \to 0} \frac{1}{h}\left(\frac{h}{\sqrt{x+h}+\sqrt{x}}\right)$$
$$= \lim_{h \to 0} \frac{1}{\sqrt{x+h}+\sqrt{x}}$$
$$= \frac{1}{\sqrt{x}+\sqrt{x}} = \frac{1}{2\sqrt{x}}$$

となる。

● 代数関数の導関数

😀 n が有理数ということは，$x^{\frac{1}{3}}$ とか $x^{\frac{2}{5}}$，あるいは $x^{-\frac{3}{4}}$ など，次数が有理数の場合の微分をするということだね。これらの関数を **代数関数** ということもあるから，ここでもそう呼ぼう。

😀 今度はどうすれば微分ができるんですか？

😀 それを説明する前に，まず微分される関数の準備をしよう。

😀 準備が要るんですか？　面倒ですね。

😀 まあ面倒と思うかもしれないけど，代数関数が一般にどういう形をしているか，きちんと考えておこうということなんだ。

😀 また「一般」ですか。

😀 そう。数式で表すことの強みは，一般の場合を扱えるということだからね。

😀 で，今度はどんな「一般」なんですか？

😀 代数関数の次数は有理数だけど，有理数は一般にどういうふうに表せるだろう？

🧑 それは

$$\frac{整数}{整数}$$

じゃないんですか？

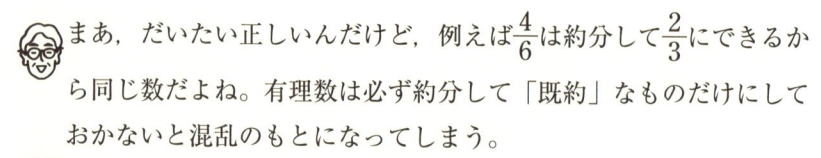

👨 まあ，だいたい正しいんだけど，例えば $\frac{4}{6}$ は約分して $\frac{2}{3}$ にできるから同じ数だよね。有理数は必ず約分して「既約」なものだけにしておかないと混乱のもとになってしまう。

🧑 じゃあ，どうすればいいんですか？

👨 既約な有理数を表すには，一般に2つの互いに素な整数 m と n を使って，$\frac{m}{n}$ のように書く。ただし，$n>0$ だ。

🧑 「互いに素」って聞いた覚えはあるような気はしますけど，完全に忘れてます。何でしたっけ？

👨 「共通の因数を持たない整数」ってこと。今の例では，$4=2\times2$ と $6=2\times3$ だから，共通因数2を持っている。

🧑 だから約分できたんですね。思い出してきました。

👨 いずれにしても，今後は既約な有理数だけを考えることにするよ。これから，代数関数

$$x^{\frac{m}{n}}$$

の導関数を導こう。m は0ではないとするよ。

🧑 わかりました。

👨 まず，$x^{\frac{m}{n}}$ の n 乗を計算してみよう。$\frac{m}{n}=q$ とおくとわかりやすいよ。

🧑 よくわかりません。具体的に数を決めてもらわないと……

👨 数を決めたら，一般的じゃなくなっちゃうよ。少しがんばってついて来て。

🧑 はあ。

🧑‍🦳 指数法則を使えば，

$$(x^{\frac{m}{n}})^n = (x^q)^n = x^{qn}$$

となるけど，$qn = \dfrac{m}{n} \times n = m$ だから，

$$(x^{\frac{m}{n}})^n = x^m$$

だね。

🧑 はあ，これをどうするんですか？

🧑‍🦳 さっきの $\sqrt{x}$ の場合と同様に，これの両辺を微分するんだ。右辺の微分は簡単だね。

🧑 x^m を微分すると，mx^{m-1} ですよね。

🧑‍🦳 そう。じゃあ左辺は？

🧑 全然わかりません。どうするんですか？

🧑‍🦳 これは合成関数の微分公式を使おう。$u = x^{\frac{m}{n}}$ とおけば，

$$f(x) = f(u(x)) = (x^{\frac{m}{n}})^n = u^n$$

と書けるから，

$$\frac{df}{dx} = \frac{df}{du}\frac{du}{dx}$$

と微分できる。$f(u) = u^n$ だから $\dfrac{df}{du}$ は同じように計算できるね。で，ほしいのは $\dfrac{du}{dx}$ だ。

🧑 えーと，

$$\frac{df}{du} = (u^n)' = nu^{n-1}$$

でいいですか？

🧑‍🦳 そうだね。まとめると，

$$\{(x^{\frac{m}{n}})^n\}' = (x^m)' \Rightarrow nu^{n-1}\frac{du}{dx} = mx^{m-1}$$

となる。

🧑 これで完成ですか？

👩 あとは，$\frac{du}{dx}$ について解けば完成。結果だけ書くと

$$\frac{du}{dx} = (x^{\frac{m}{n}})' = \frac{m}{n}x^{\frac{m}{n}-1}$$

となる*。

🧑 これは本当に n 次関数の微分公式と同じなんですか？

👩 また $\frac{m}{n} = q$ と書いてみれば，上の式は，

$$(x^q)' = qx^{q-1}$$

となっていることがすぐにわかるよ。もちろん q は負の有理数でもかまわないね。

🧑 本当ですね。

🔹 まとめ

●商の微分公式

$$\left(\frac{f(x)}{g(x)}\right)' = \frac{f'(x)g(x) - f(x)g'(x)}{\{g(x)\}^2}$$

●代数関数の導関数

任意の有理数 q に対して

$$(x^q)' = qx^{q-1}$$

---

*途中の計算は，

$$\frac{du}{dx} = \frac{m}{n}\frac{x^{m-1}}{u^{n-1}} = \frac{m}{n}x^{m-1}u^{-n+1} = \frac{m}{n}x^{m-1}(x^{\frac{m}{n}})^{-n+1} = \frac{m}{n}x^{m-1}x^{-m+\frac{m}{n}} = \frac{m}{n}x^{\frac{m}{n}-1}$$

となる。指数法則を正確に使うこと。

2-3 三角関数と導関数

🧑‍🦳 じゃあ，次は三角関数について考えてみよう。

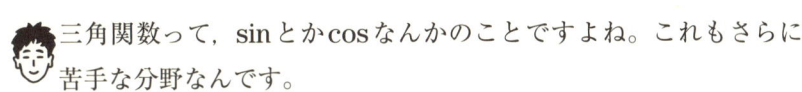

🧑 三角関数って，sinとかcosなんかのことですよね。これもさらに苦手な分野なんです。

🧑‍🦳 そういう人は多いみたいだけど，数学の中で現実的に最も役に立っているのは，おそらく三角関数だと思うよ。

🧑 そうなんですか？

🧑‍🦳 なぜかというと，sinやcosは最も基本的な周期関数だからなんだ。

🧑 何ですか！ 「周期関数」って？

🧑‍🦳 ある決まった周期だけ進むと，値がもとに戻る関数のこと。実際，

$$\sin(\theta+360°)=\sin\theta$$
$$\cos(\theta+360°)=\cos\theta$$

のように，角度が1周すると値はもとに戻るだろう？

🧑 確かにこの式は見たことがあります。でも，なんで周期関数がそんなに重要なんですか？

🧑‍🦳 音や電磁波などの波動は，周期的な振動が伝わる現象だよね。だから，波動を分析したり，それらを利用するときには，三角関数は必須の道具なんだ。

🧑 そうだったんですか。

弧度法

🧑‍🏫 これから基本的な三角関数を定義したいんだけど，その前に**弧度法**について説明しておこう。

🧑 「弧度法」ってのも，聞いたことはあるんですけど，実はよくわかっていません。

🧑‍🏫 高校で最初に三角関数が出てくるところでは，sinやcosは次のように定義していた。

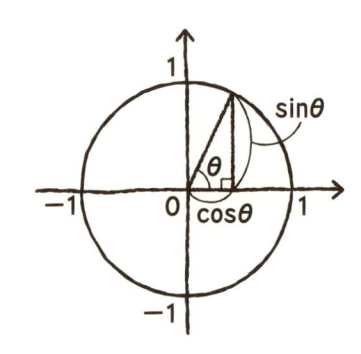

つまり，原点中心の半径1の**単位円**を考えて，円上の1点で決まる直角三角形の「高さ」を$\sin\theta$，「底辺の長さ」を$\cos\theta$としていたはずだ。

🧑 なんとなく覚えています。

🧑‍🏫 このsinとcosの値は「角度θ」を与えれば決まるから，これらは「角度」の関数だよね。

🧑 まあそうでしょうけど，それがどうかしたんですか？

🧑‍🏫 実はこの「角度の関数」っていうのが，実用上あまり都合がよくないんだ。

🧑 そうなんですか。

🧑‍🦳 そこで実際はどうするかというと，次のように「角度」を単位円の「弧の長さ」で表す。

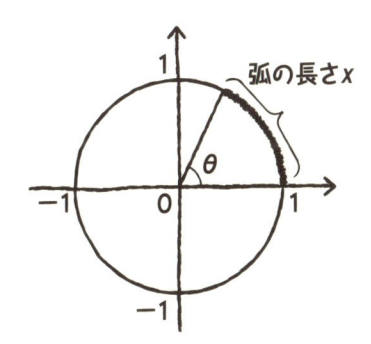

（図：単位円と弧の長さ x，角 θ）

そしてこの「弧度法」を使って，三角関数を「弧長 x」の関数と考えるんだ。

🧑 何でそんな面倒なことをするんですか？　角度のままでいいと思うんだけどなあ。

🧑‍🦳 その御利益はそのうち現れるよ。それより少し弧度法に慣れておくことにしよう。例えば，角度1周は360°だけど，これを弧度法で表すといくらになるかな？

🧑 えーと，1周分の弧の長さってことですよね？

🧑‍🦳 そうそう。

🧑 円周は$2\pi \times$半径だから……

🧑‍🦳 今考えているのは単位円だから半径は1だよ。

🧑 じゃあ円周は2πですね。

🧑‍🦳 その通り。同様にして，半円周180°はπ，直角90°は$\frac{\pi}{2}$などとなるよね。じゃあ次に，正三角形の頂角60°は？

🧑 えーと，急に聞かれても……

👨‍🦳 60°は180°の3等分だから，$\frac{\pi}{3}$ だね。

🧑 毎回こんな計算をするのは，やっぱり面倒です。

👨‍🦳 まあ，慣れてくれば弧度法だけで考えられるようになるから，そんなに心配しなくてもいいよ。

🟢 基本的な三角関数

👨‍🦳 じゃあ改めて，基本的な三角関数を弧度法を使って定義してみよう。単位円上に基準点Aを決めて，ある点Bをとれば，弧長xが決まる。

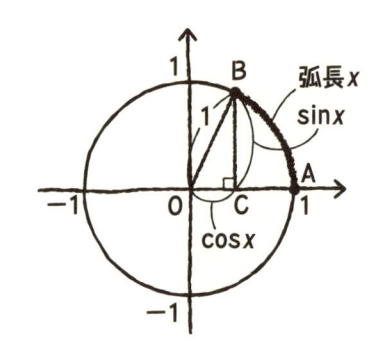

次にBから下ろした垂線がOAと交わる点をCとして，直角三角形OCBを考え，BC=$\sin x$，OC=$\cos x$と定義する。

🧑 はい。

👨‍🦳 この定義から，三角形OCBについて三平方の定理＊を適用して，

$$\sin^2 x + \cos^2 x = 1$$

は明らかだね。

🧑 「三平方」って何でしたっけ？

👨‍🦳 すべての直角三角形が持つ次のような性質だね。

＊ピタゴラスの定理ともいう。

三平方の定理
$a^2+b^2=c^2$

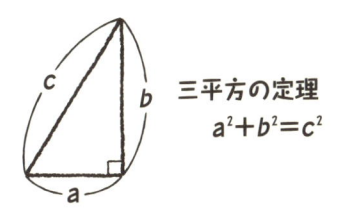

🧑 思い出しました。

👨 じゃあ続けるよ。次にOBの延長線と，Aからx軸に立てた垂線との交点をDとする。

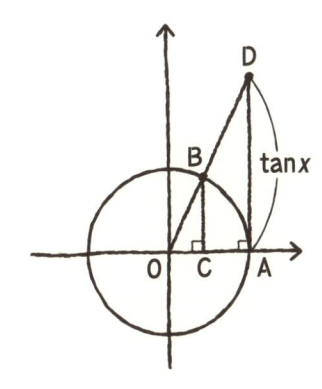

このとき，AD=$\tan x$と定義しよう。直角三角形OCBとOADは相似だから，

$$\frac{\mathrm{CB}}{\mathrm{OC}}=\frac{\mathrm{AD}}{\mathrm{OA}}=\frac{\mathrm{AD}}{1}=\mathrm{AD}$$

なので，

$$\tan x=\frac{\sin x}{\cos x}$$

となる。この$\sin x$, $\cos x$, $\tan x$を基本的な三角関数と呼ぶことにしよう。

周期性と相互関係

🧑‍🏫 これらの持っている性質を確認していこう。まずは周期性だけど，弧度法で書くとどうなるかな？

🧑 えーと，360°を2πと書きなおせばいいんですか？

🧑‍🏫 そうだね。ただ，円周を何度回っても$\sin x$と$\cos x$の値は同じだから，任意の整数nを使って，より一般的に

$$\sin(x+2\pi n) = \sin x$$
$$\cos(x+2\pi n) = \cos x$$

と書けるよね。

🧑 なるほど，そうですね。

🧑‍🏫 で，$\sin x$のグラフを描けば，こうなる。$\sin(-x) = -\sin x$となっていることに注意して。

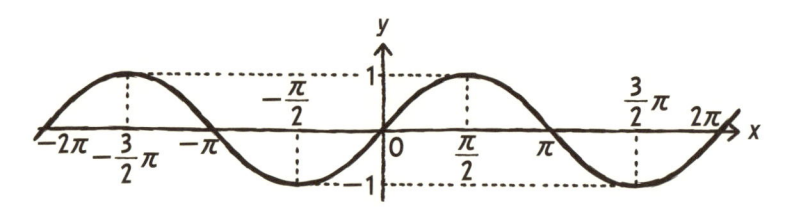

🧑 こういうのって，何とかって名前がついていませんでしたか？

🧑‍🏫 よく覚えてたね。**奇関数**だ。$\sin x$は典型的な奇関数なんだ。一方，$\cos x$は，こうだ。明らかに，$\cos(-x) = \cos x$となっているね。

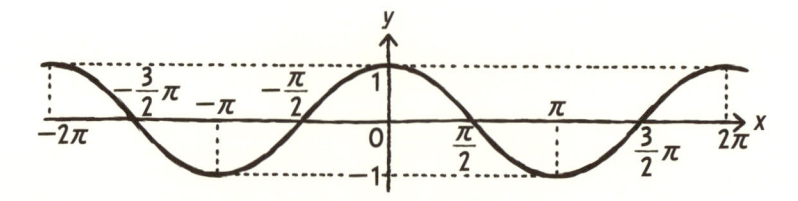

🧑 これは？

🧑‍🦳 こちらは**偶関数**。$\cos x$ は偶関数だよ。

🧑 ところで，2つのグラフはよく似てますね。

🧑‍🦳 そう。実際，これらはグラフを横に $\dfrac{\pi}{2}$ ずらすと重なって，

$$\sin\left(x+\dfrac{\pi}{2}\right)=\cos x$$

$$\cos\left(x-\dfrac{\pi}{2}\right)=\sin x$$

となることがわかるよ。

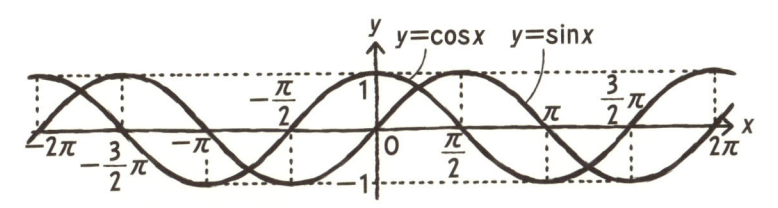

🧑 横に滑らせるんですね。

🧑‍🦳 そう。$x+\dfrac{\pi}{2}$ というのは $x=0$ のところを，改めて $x=\dfrac{\pi}{2}$ と思いなさいということだから，これはグラフを左にずらすことを意味しているよね。

🧑 じゃあ，$x-\dfrac{\pi}{2}$ の方は右にずらすんですか？

🧑‍🦳 そうだね。それから，それぞれを逆方向に $\dfrac{\pi}{2}$ だけずらせば，x 軸を軸として対称な形になって，

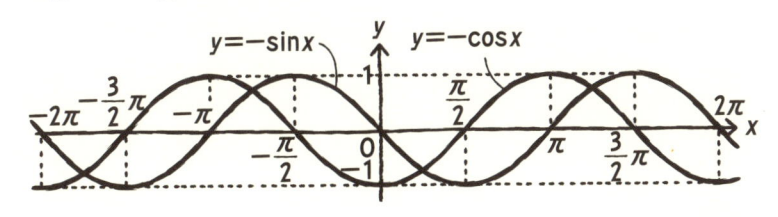

$$\sin\left(x-\dfrac{\pi}{2}\right)=-\cos x$$

$$\cos\left(x+\dfrac{\pi}{2}\right)=-\sin x$$

第2章 いろいろな関数とその微分法

2-3 三角関数と導関数

もわかるよ。

🧑 sinとcosは互いに関係があるんですね。

👨 あともうひとつ。それぞれを $\pm\pi$ だけずらすと，x 軸を対称の軸として自分自身と対称な形になる。つまり，

$$\sin(x\pm\pi)=-\sin x$$
$$\cos(x\pm\pi)=-\cos x$$

となる。

🧑 何ですか，この $\pm$ は？

👨 $+\pi$ と $-\pi$ どちらにずらしてもいいってことだね。で，これらを使うと

$$\tan(x\pm\pi)=\frac{\sin(x\pm\pi)}{\cos(x\pm\pi)}=\frac{-\sin x}{-\cos x}=\frac{\sin x}{\cos x}=\tan x$$

が導けて，$\tan x$ の周期は π であることがわかる。

加法定理

👨 それから周期性と同様に大切なのが，加法定理だね。

🧑 それは高校の数学にも出てきましたけど，なかなか覚えられません。

👨 まあ，覚えるというよりも，内容を理解するほうが大事だね。まずは定理を書き下してみよう。

$$\sin(\alpha+\beta)=\sin\alpha\cos\beta+\cos\alpha\sin\beta$$
$$\cos(\alpha+\beta)=\cos\alpha\cos\beta-\sin\alpha\sin\beta$$

となる。

🧑 α(アルファ)とか β(ベータ)っていうのは？

👨 2つの別々の「角度」だけど，もちろんここでは弧度法を使っているよ。要するに，角度 $\alpha+\beta$ のときの sin と cos の値は，角度 α と β

のときのsinとcosの組み合わせで表せる，というのが加法定理の内容だね。

🧑 それにしても複雑な式ですよね。

👨 そう見えるかもしれないけど，これにははっきりとした意味があるんだ。

🧑 どういうことですか？

👨 またxy平面の原点を中心とした単位円を考えよう。この単位円上のある点Pの座標を(x, y)として，点Pを円周に沿って反時計回りに弧長αだけ移動させることを考える。

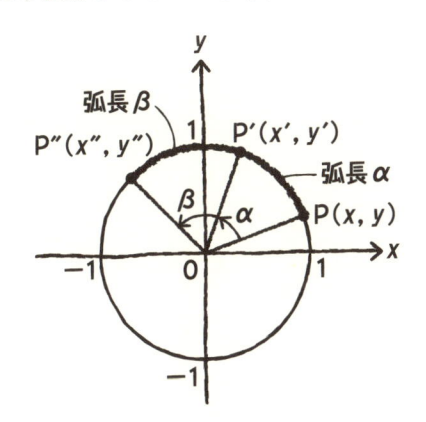

🧑 点を移すんですね。

👨 そう。これは原点を中心に点Pを角度αだけ反時計回りに回転させる操作とも考えられるよね。

🧑 そうですね。

👨 それで，この移動先の点P′の座標を(x', y')とすると，もとの点Pの座標(x, y)との関係は

$$\begin{cases} x' = x\cos\alpha - y\sin\alpha \\ y' = x\sin\alpha + y\cos\alpha \end{cases}$$

となることが知られているんだ(コラム参照)。

そうなんですか。

まあ，とにかくこれを認めて，今度はP′をさらに角度βだけ回転させてみよう。移った先をP″として，その座標を(x'', y'')とすれば，上の式と同じように，

$$\begin{cases} x''=x'\cos\beta-y'\sin\beta \\ y''=x'\sin\beta+y'\cos\beta \end{cases}$$

となることがわかるよね。

はあ。

この2組の式から，PとP″の関係，つまり(x, y)と(x'', y'')の関係を求めると，

$$\begin{cases} x''=x(\cos\alpha\cos\beta-\sin\alpha\sin\beta)-y(\sin\alpha\cos\beta+\cos\alpha\sin\beta) \\ y''=x(\sin\alpha\cos\beta+\cos\alpha\sin\beta)+y(\cos\alpha\cos\beta-\sin\alpha\sin\beta) \end{cases}$$

となることが確かめられる。

大変な計算ですね。

実際やってみればそれほどでもないよ。

で，これがどうしたんですか？

このP″という点は，もとの点Pを角度$\alpha+\beta$だけ回転させた点だというのはわかるかな？

最初にα回転してP′，さらにβ回転してP″だから，そうですね。

ということは，P″とPの関係を直接書くと，

$$\begin{cases} x''=x\cos(\alpha+\beta)-y\sin(\alpha+\beta) \\ y''=x\sin(\alpha+\beta)+y\cos(\alpha+\beta) \end{cases}$$

となっていなければならないよね。

確かにそうですね。

🧑‍🦳 これら2組のx'', y''の式の右辺どうしを比べてみよう。xとyの係数部分を比較すると，加法定理が見えてくるだろう？

🧑 あれ，本当だ。

🧑‍🦳 つまり，**加法定理とは「回転の合成」を意味している**んだね。

> ### コラム　K先生の独り言「回転の式」
>
> 具体的に数値を決めて，回転の式
> $$\begin{cases} x' = x\cos\alpha - y\sin\alpha \\ y' = x\sin\alpha + y\cos\alpha \end{cases}$$
> を確かめてみよう。
>
> 　まず最初に，P$(1, 0)$の場合を考えよう。この点を反時計回りに角度αだけ回転させると，sin, cosの定義から，移った先の点P$'$の位置は$(x', y') = (\cos\alpha, \sin\alpha)$となっていなければならないが，回転の式に$x=1$, $y=0$を代入すると，
> $$\begin{cases} x' = 1 \times \cos\alpha - 0 \times \sin\alpha = \cos\alpha \\ y' = 1 \times \sin\alpha + 0 \times \cos\alpha = \sin\alpha \end{cases}$$
> がわかり，正しく回転されている。一方，P$(0, 1)$の場合，移った先の点P$'$の位置は，$(x', y') = (-\sin\alpha, \cos\alpha)$となるはずだが，これも回転の式に$x=0$, $y=1$を代入すると，
> $$\begin{cases} x' = 0 \times \cos\alpha - 1 \times \sin\alpha = -\sin\alpha \\ y' = 0 \times \sin\alpha + 1 \times \cos\alpha = \cos\alpha \end{cases}$$
> となっていて，正しい結果を与える。
>
> 　実は，これが正しい回転であることを示すには，この2つの「初期点」だけについて確かめれば十分であることが「線形代数」の知識により示されるのである。

$\dfrac{\sin x}{x}$ の極限値

じゃあ，ここからは三角関数の導関数を求めてみよう。

微分をするんですか？ 手も足も出ない感じがしますけど。

そう思うのも無理はないよ。まずは $\sin x$ の微分をしてみたいんだけど，そのためにはある重要な極限値を求めておかなければならないんだ。

極限値ですか？

そう。まず $\sin x$ で $x \to 0$ の極限値はいくらになるか，さっきのグラフを見て考えてごらん。

$\sin x$ だから，x が 0 に近づくと 0 になるんじゃないですか？

そうだね。これから考えたいのは，$\sin x$ を x で割った関数 $\dfrac{\sin x}{x}$ の $x \to 0$ のときの極限値だ。

はあ。

関数 x が $x \to 0$ のとき 0 に近づくのは当たり前だから，この極限値

$$\lim_{x \to 0} \dfrac{\sin x}{x}$$

は，$\dfrac{0}{0}$ に近づいていくね。

こんな変なもの，本当に求められるんですか。

今求めたいのは，本当に $x=0$ を代入した $\dfrac{0}{0}$ ではなくて，$x \to 0$ のときの極限値だよ。これならば求まる可能性があるし，実際に値が決まるんだ*。

---

*こういう，$\dfrac{0}{0}$ のように「変な」値に近づいていくときの極限値を，「不定形の極限値」という。詳しくは 5-2 節で考える。

🧑 はあ。でも，どうやったら求まるんですか？

👨 それは，図形の面積を比べることによって求めるんだ。前に sin, cos, tan を定義した図をもう一度描いてみてくれるかな。

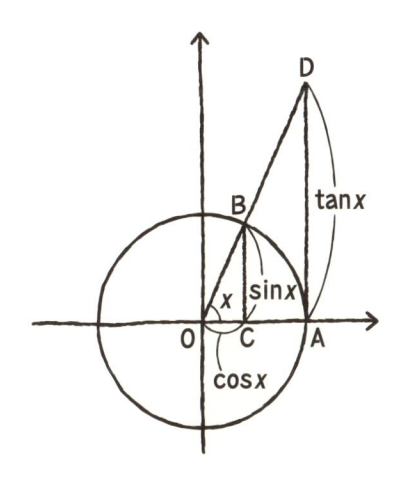

🧑 こんな感じですか？

👨 そう。

🧑 この図から何がわかるんですか？

👨 まず三角形 OAB の面積よりも，扇形 OAB の面積の方が大きいのはすぐわかるね。

🧑 扇形っていうのは？

👨 半径 OA と OB，それと円弧 AB で囲まれた部分のこと。円の一部分を切り取った形だね。それから，これらよりも三角形 OAD の面積の方が大きいこともすぐわかる。

🧑 そうですね。

👨 で，以上の大小関係を式で書けば，

$$\text{三角形 OAB} < \text{扇形 OAB} < \text{三角形 OAD}$$

となる。

はい。

今からこれを，ちゃんとした数式にしてみよう。

ちゃんとした？

つまり，角度xを使って，もっと精密に書き表すんだ。

どういうことですか？

まず，三角形OABは底辺が1，高さが$\sin x$だから，面積は$\frac{\sin x}{2}$となるね。

高さが$\sin x$なんですか？

それが$\sin x$の定義だからね。それから三角形OADも底辺1だけど，今度は高さが$\tan x$だから，面積は$\frac{\tan x}{2}$だね。

じゃあ扇形OABの面積は？

円の面積との比を考えるんだ。扇形の面積は，角度を倍にすれば倍になるよね。

まあ，そうですね。

これはつまり，扇形の面積はxに正比例しているってことだ。

はあ。

だから，角度xのときの扇形OABの面積をSとして，Sと円の面積πの比は

$$\frac{S}{\pi} = \frac{x}{2\pi}$$

となるはずだ。なぜなら，円を1周したときの角度は2πだから。

結局，扇形の面積はどうなりますか？

👴 この式を S について解けばいいんだ。

$$S = \frac{x}{2}$$

となることはすぐにわかるね。ここでもちろん，x は弧度法で表された角度だよ＊。で，これらの結果をさっきの面積の大小関係に入れてみると，

$$\frac{\sin x}{2} < \frac{x}{2} < \frac{\tan x}{2}$$

がわかる。ただし，x は $0 < x < \frac{\pi}{2}$ の範囲にあるとするよ。

👦 この式をどうするんですか？

👴 まず全体に $\frac{2}{\sin x}$ をかけよう。

$$1 < \frac{x}{\sin x} < \frac{\tan x}{\sin x} = \frac{1}{\cos x}$$

となるよね。

👦 はあ。

👴 ところで，正の数 a と b に対して次のような関係が成り立つよね。

$$a < b \Leftrightarrow \frac{1}{a} > \frac{1}{b}$$

不等号が反転するんだ。

👦 分子が同じなら分母が大きいほど小さくなるからですね。

👴 この関係式を，上の不等式に適用する。つまり，各項の「逆数」の関係式が

$$1 > \frac{\sin x}{x} > \cos x$$

となることがわかる。

👦 これから何がわかるんですか？

👴 この関係式は $0 < x < \frac{\pi}{2}$ であれば，どんな x に対しても成り立つから，$x \to 0$ の極限でももちろん成り立つよね。

＊もし弧度法ではない角度を使うと，この「面積」は定数倍だけ違う値になる。

🧑 $x→0$ の極限っていうのは，$x=0$ にどんどん近づけるけど，$x=0$ ではないってことでしたよね。

👨 そう。だから，この不等式で，$x→0$ にしてみると，一番左の辺は $\lim_{x \to 0} 1 = 1$ だから，全体では

$$1 > \lim_{x \to 0} \frac{\sin x}{x} > \lim_{x \to 0} \cos x$$

となる。一番右の辺はいくらになるかな？

🧑 $\lim_{x \to 0} \cos x$ ですか？　わからないです。

👨 すぐにあきらめるなって。$\cos x$ が $x→0$ でどんな値に近づくかはグラフからわかるだろう？

🧑 1ですか？

👨 そう。だから $\lim_{x \to 0} \cos x = 1$ となる。真ん中の辺は，上限が1で，下限もどんどん1に近づいてくるから，1と1に挟まれて，結局，

$$\lim_{x \to 0} \frac{\sin x}{x} = 1$$

ということだね。これが求めたかった極限値だ。

● 三角関数の導関数

👨 ようやく導関数を求められるところまで来たね。

🧑 そうなんですか？

👨 まずは $\sin x$ の導関数を求めよう。定義式を書くと，

$$(\sin x)' = \lim_{h \to 0} \frac{\sin(x+h) - \sin x}{h}$$

だ。最初に分子の $\sin(x+h) - \sin x$ に加法定理を使って，

$$\sin(x+h) - \sin x = 2\cos\left(x + \frac{h}{2}\right) \sin\left(\frac{h}{2}\right) \quad \cdots ①$$

となることを見よう。

😀 どうすればいいんですか？

🧑‍🏫 前に出てきた加法定理を使って，

$$\sin(\alpha+\beta) - \sin(\alpha-\beta) = 2\cos\alpha\sin\beta \quad \cdots ②$$

がすぐに導けるよね。

😀 見たことのあるような式です。

🧑‍🏫 ここで，$\alpha+\beta=x+h$，$\alpha-\beta=x$ とおくと，①式と②式の左辺が一致する。また，α, β を求めてみると

$$\alpha = x + \frac{h}{2}, \quad \beta = \frac{h}{2}$$

となって，右辺も同じになるね。

😀 はあ。

🧑‍🏫 次に，極限をとる。

$$\lim_{h \to 0} \frac{\sin(x+h) - \sin x}{h} = \lim_{h \to 0} \frac{2\cos\left(x+\frac{h}{2}\right)\sin\left(\frac{h}{2}\right)}{h}$$

$$= \lim_{h \to 0}\cos\left(x+\frac{h}{2}\right) \times \lim_{h \to 0} \frac{2\sin\left(\frac{h}{2}\right)}{h}$$

$$= \lim_{h \to 0}\cos\left(x+\frac{h}{2}\right) \times \lim_{h \to 0} \frac{\sin\left(\frac{h}{2}\right)}{\frac{h}{2}}$$

が導けるね。ここでも極限値の公理を使っているよ。

😀 複雑な式ですね。

🧑‍🏫 そう見えるかもしれないけど，これから導く結果はきれいになるんだ。まず，$\frac{h}{2}$ を改めて k と書くことにしよう。そうすると，

$\displaystyle\lim_{h \to 0} \frac{\sin x}{x} = 1$ を用いて,

$$\lim_{h \to 0} \frac{\sin(x+h) - \sin x}{h} = \lim_{h \to 0} \cos\left(x + \frac{h}{2}\right) \times \lim_{h \to 0} \frac{\sin\left(\frac{h}{2}\right)}{\frac{h}{2}}$$

$$= \lim_{k \to 0} \cos(x+k) \times \lim_{k \to 0} \frac{\sin k}{k}$$

$$= \cos x \times 1 = \cos x$$

となる。つまり,

$$(\sin x)' = \cos x$$

がわかった。

🧒 これも見たことがある式です。

👴 それじゃあ,次は $\cos x$ の導関数だ。

🧒 また極限値ですか？

👴 それでもいいけど,合成関数の微分を使えば,

$$(\cos x)' = \left\{\sin\left(x + \frac{\pi}{2}\right)\right\}'$$

$$= \left\{\cos\left(x + \frac{\pi}{2}\right)\right\} \times \left(x + \frac{\pi}{2}\right)'$$

$$= -\sin x$$

がいえる。

🧒 これもどこかで見ています。

👴 最後に $\tan x$ の導関数を求めよう。

$$\tan x = \frac{\sin x}{\cos x}$$

だったから,商の微分公式(前節参照)が使えるよね。

🧒 あの $\frac{f}{g}$ってやつですか。

👴 そう。$f(x) = \sin x$, $g(x) = \cos x$ として,

$$\left(\frac{\sin x}{\cos x}\right)' = \frac{(\sin x)' \cos x - \sin x (\cos x)'}{\cos^2 x}$$

$$= \frac{\cos x \cos x - \sin x(-\sin x)}{\cos^2 x}$$

$$= \frac{\cos^2 x + \sin^2 x}{\cos^2 x}$$

$$= \frac{1}{\cos^2 x}$$

となる。

👦 あのー，$\cos^2 x$ って何ですか？

👨 これは $(\cos x)^2$ のことだね。このように書くのが習慣になっている。$\cos(x^2)$ とは違うから注意しよう。

👦 はい。

👨 結局，

$$(\tan x)' = \frac{1}{\cos^2 x}$$

がわかった。

> ● **まとめ**
>
> ●三角関数の周期性
> $$\sin(x+2\pi n) = \sin x$$
> $$\cos(x+2\pi n) = \cos x$$
> $$\tan(x+\pi n) = \tan x$$
>
> ●三角関数の相互関係
> $$\sin^2 x + \cos^2 x = 1, \quad \tan x = \frac{\sin x}{\cos x}$$
> $$\sin\left(x+\frac{\pi}{2}\right) = \cos x, \quad \sin\left(x-\frac{\pi}{2}\right) = -\cos x$$
> $$\cos\left(x+\frac{\pi}{2}\right) = -\sin x, \quad \cos\left(x-\frac{\pi}{2}\right) = \sin x$$
>
> ●三角関数の導関数
> $$(\sin x)' = \cos x$$
> $$(\cos x)' = -\sin x$$
> $$(\tan x)' = \frac{1}{\cos^2 x}$$

2-4 指数関数と対数関数

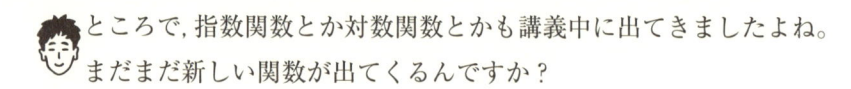

　ところで,指数関数とか対数関数とかも講義中に出てきましたよね。まだまだ新しい関数が出てくるんですか？

　心配無用。残りは指数関数と対数関数だけだよ。これらは互いに逆関数の関係にあるから，一緒に扱ってしまおう。

　また難しい言葉を使いますね。「逆関数」って何ですか？

　まあ，それは後でゆっくり説明するよ。まずは**指数法則**を復習しよう。

● 指数法則

　「指数法則」って何でしたっけ？

　例えば，2^3 と 2^5 をかけた数はどんな数になるかな？

　えーと，$2\times2\times2$ は 8 で，$2\times2\times$……もうわかりません。

　そういうことを聞いているんじゃなくて，

$$2^3\times2^5=2^n$$

と書いたときの，n がいくらか，ということなんだけど。

　えーと，それなら

$$2^3\times2^5=\underbrace{(2\times2\times2)}_{3個}\times\underbrace{(2\times2\times2\times2\times2)}_{5個}$$

で，えーと……$3+5=8$ だから，

$$2^3\times2^5=2^8$$

ですか？

🧑‍🦳 それで正解だね。このように，ある正の数 a と自然数 m, n に対して，

$$a^n a^m = a^{n+m}$$

となるというのが指数法則のひとつだ。

🧑 「ひとつ」って，まだあるんですか？

🧑‍🦳 もうひとつは

$$(a^m)^n = a^{mn}$$

だね。

🧑 これはどういう意味ですか？

🧑‍🦳 例えば，

$$(3^2)^3 = 3^2 \times 3^2 \times 3^2 = (3 \times 3) \times (3 \times 3) \times (3 \times 3) = 3^6$$

であることを一般の正の数 a に対して書き下したものだ。

🧑 少し思い出してきました。

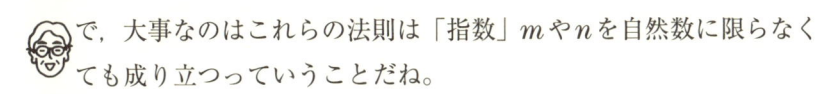

🧑‍🦳 で，大事なのはこれらの法則は「指数」 m や n を自然数に限らなくても成り立つっていうことだね。

🧑 どういうことですか？

🧑‍🦳 m が負の整数の場合は，例えば

$$a^{-2} a^3 = \frac{1}{a} \cdot \frac{1}{a} \cdot a \cdot a \cdot a = a$$

となって，$-2+3=1$ だから指数法則 $a^n a^m = a^{n+m}$ は成立している。

🧑 そうですね。

🧑‍🦳 さらに，m と n が有理数の場合，例えば

$$a^{\frac{1}{2}} a^{\frac{1}{2}} = \sqrt{a} \cdot \sqrt{a} = a = a^1$$

だから，このときも指数法則 $a^n a^m = a^{n+m}$ は成立しているね。もちろん $(a^m)^n = a^{mn}$ の方も同様に確かめることができるよ。例えば，

$$(a^{\frac{1}{2}})^2 = (\sqrt{a})^2 = a$$

2-4 指数関数と対数関数

とか

$$(a^2)^{\frac{1}{2}} = \sqrt{a^2} = a$$

とかね。

🧑 ちゃんと成り立ってますね。

🟢 指数関数

👨 で，ここからが本題で，実はこの指数法則は m や n が任意の実数の場合でも成り立つことが示せるんだ。

🧑 また「任意」ですか……好きですね。それで，どういうことですか？

👨 ……。例えば，

$$a^{\sqrt{3}} a^{\sqrt{2}} = a^{\sqrt{3}+\sqrt{2}}$$

とかのこと。指数が必ずしも有理数とは限らない場合でも，指数法則は成り立つんだ。

🧑 そうだったんですか。

👨 まあ，これを証明するのはこの講義の範囲を超える話題だから，認めてしまうことにしよう。つまり，a を正の実数，x と y を任意の実数とすれば，

$$a^x a^y = a^{x+y}$$

と

$$(a^x)^y = a^{xy}$$

が成り立つことが知られているんだ。

🧑 はあ。で，これがどうしたんですか？

👨 ここに出てきた a^x に注目しよう。x を任意の実数とすれば，この数は実数 x から別の実数 a^x への写像，つまり関数と考えることができる。この

$$f(x) = a^x$$

を**底 a の指数関数**と呼ぶことにしよう。

🧑 なんか聞いたことのある名前です。

👨‍🦳 もちろんどこかで必ず出会っているはずだ。この指数関数が指数法則

$$a^x a^y = a^{x+y}$$
$$(a^x)^y = a^{xy}$$

を満たすことは，さっきの議論から明らかだね。

🧑 そうですね。

指数関数のグラフ

👨‍🦳 ところで，指数関数のグラフがどんなものになるか，覚えてる？まず，底 a は1より大きいとして考えてみよう。

🧑 いきなり言われても……

👨‍🦳 じゃあ，もう少し具体的に $a=2$ の場合を考えよう。座標平面に，$x=0$ や $x=1$ の場合の値を書きこんでみよう。

🧑 えーと，$x=1$ のときは $2^1=2$ だけど，$x=0$ のときは $2^0=0$ でしたっけ？

👨‍🦳 $2^1=2$ はいいけど，前にも言ったように a^0 の値はいつでも1だよ。

🧑 ああ，そうでした。

👨‍🦳 同じように，$x=2$, 3, … の値を計算していくと，どうなるだろう？

🧑 えーと，$2^2=4$, $2^3=8$, … ですね。

👨‍🦳 じゃあ，$x=-1$, -2, … の場合はどうなるかな？

🧑 えーと，$2^{-1}=\dfrac{1}{2}$ でいいんですか？

🧑‍🦳 そうだね。

🧑 じゃあ，$2^{-2}=\dfrac{1}{2^2}=\dfrac{1}{4}$，$2^{-3}=\dfrac{1}{2^3}=\dfrac{1}{8}$，…となります。

🧑‍🦳 そうだね。このグラフが任意の実数 x に対して滑らかにつながっているとすれば，そのグラフは

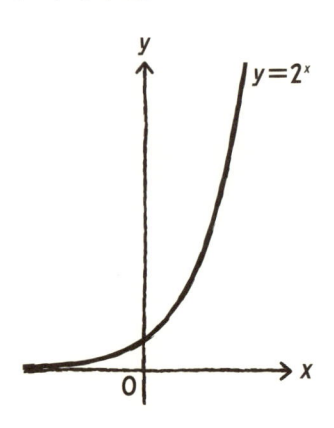

のようなものになると予想できるよね。

🧑 まあ，そうですね。

🧑‍🦳 で，実際，整数以外のいろいろな x に対して値を求めてみれば，このグラフの形が正しいことは確認できるから，これは認めよう。このグラフから，$x \to \infty$ のとき $2^x \to \infty$，$x \to -\infty$ のとき $2^x \to 0$ であることはすぐにわかるよね。

🧑 はい。

🧑‍🦳 この性質は，底 $a>1$ の指数関数が共通に持つ性質であることは，例えば，$a=2.5$ とか $a=3$ の場合のグラフを描き足してみればわかる。

$y=a^x$ のグラフ

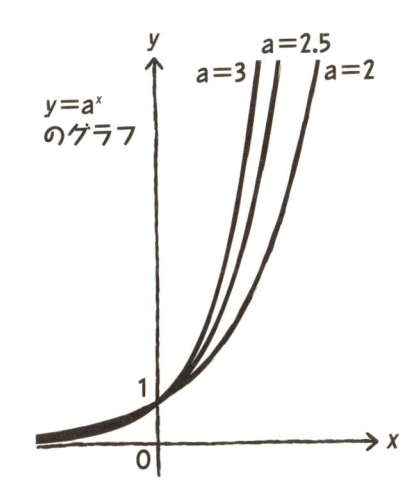

（グラフ：$a=3$, $a=2.5$, $a=2$ の $y=a^x$）

🧑 どの場合も，みんな同じような形ですね。

👨 大事なことだから重ねて注意しておくけど，これらすべてのグラフは $x=0$ のとき $y=1$ を通る。なぜなら $a^0=1$ だから。

🧑 そうですね。

👨 感動がないなあ……まあいいや。次に $0<a<1$ の場合を考えよう。例えば，$a=\dfrac{1}{2}$ のときのグラフはどうなる？

🧑 $\left(\dfrac{1}{2}\right)^x$ のグラフですか？　どうなるんだろう……

👨 実は少し工夫をすれば，すぐにわかるんだ。

🧑 どうするんですか？

👨 $\dfrac{1}{2}=2^{-1}$ だから，

$$\left(\dfrac{1}{2}\right)^x=\dfrac{1}{2^x}=2^{-x}$$

だよね。

🧑 なるほど。

🧑‍🦳 2^{-x} という関数は，2^x で $x \to -x$ の置き換えをしたものと思えるから，そのグラフは 2^x で x 軸の向きを逆方向にしたものと考えていいよね。

🧑 はあ。

🧑‍🦳 だから 2^{-x} のグラフの形は，こうなる。

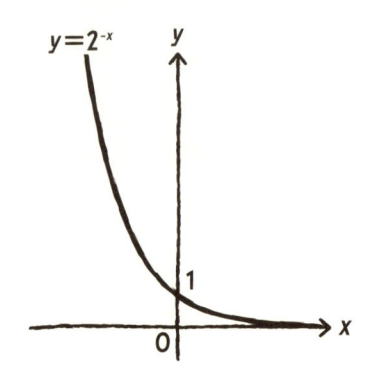

$y = 2^{-x}$

🧑 今度は，$x \to \infty$ のときに 0 になって，$x \to -\infty$ のときに ∞ になってます。さっきとは「反対向き」っていうことですね。

🧑‍🦳 そうだね。正確には「y 軸に関して対称な形」ということになる。$0 < a < 1$ の場合の指数関数のグラフは，一般にこういう特徴を持つんだ。

● 自然対数の底 e

🧑‍🦳 さて，それじゃあいつものように，導関数の話にしよう。

🧑 またですか。

🧑‍🦳 でも，その前にあるひとつの数を導入しておくと都合がいいんだ。e と書かれる無理数を見たことはないかな？

🧑 見たことはあるような気がしますけど，またまた難しそうな話ですね。

😀 この数はだいたい$e=2.71828…$という値の無理数で，**自然対数の底**とか**ネイピア（Napier）の数**，というふうに呼ばれることが多いね。

🙂 だいたいって……。いい加減ですね。

😀 そんなことないよ。例えば，$\pi=3.14159…$だってそうだろう？

🙂 まあいいです。で，その数がどうかしたんですか？

😀 この数を底に持つ指数関数というものが考えられるよね。

🙂 はあ。

😀 ここからは，そのような指数関数に注目することにするよ。

🙂 なぜですか？

😀 さっきの2^x，2.5^x，それから3^xのグラフを思い出そう。これらの関数の$x=0$での微分係数を比較してみるんだ。

🙂 傾きが全部違いますね。

😀 これらの微分係数を正確に計算すると，$a=2$のときは$0.69…$，$a=2.5$のときは$0.91…$，それから$a=3$のときは$1.09…$となるんだ。

🙂 だんだん増えていくんですね。

😀 そう。a^xの$x=0$における微分係数はaが増えるとともに増え続けることがわかるね。

🙂 で，それが何か？

😀 グラフからこの微分係数の値が，ちょうど1になるようなaの値が，2.5と3の間にありそうだよね。

🙂 えーと，$a=2.5$で$0.91…$，$a=3$で$1.09…$だから，そうですね。

第2章 いろいろな関数とその微分法

2-4 指数関数と対数関数

実は$e=2.71828\cdots$という数がその値なんだ。つまり，a^xで$a=e$とおいた指数関数e^xの$x=0$における微分係数が1ということだ。定義式を書いてみよう。まず，e^xの$x=0$における微分係数は

$$(e^x)'|_{x=0}=\lim_{h\to 0}\frac{e^{0+h}-e^0}{h}=\lim_{h\to 0}\frac{e^h-1}{h}$$

だね*。これが1なんだから，

$$\lim_{h\to 0}\frac{e^h-1}{h}=1$$

となる。

複雑な定義式ですね。

そう見えるかもしれないけど，このような数eが存在するということが重要なんだ。

指数関数の導関数

なんで，そんなにeが大事なんですか？

それはe^xの導関数を計算してみればすぐにわかるよ。

そうなんですか？

実際，導関数の定義式から

$$\begin{aligned}(e^x)'&=\lim_{h\to 0}\frac{e^{x+h}-e^x}{h} &&\leftarrow\text{指数法則}\\&=\lim_{h\to 0}\frac{e^x e^h-e^x}{h} &&\leftarrow\text{分子を因数分解}\\&=\lim_{h\to 0}\frac{e^x(e^h-1)}{h} &&\leftarrow e^x\text{を前に出す}\\&=e^x\times\lim_{h\to 0}\frac{e^h-1}{h}\end{aligned}$$

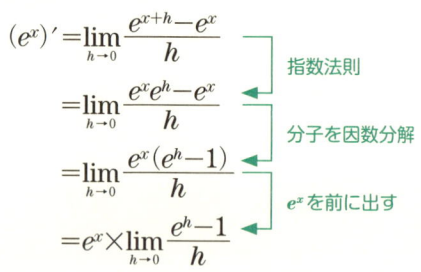

*この式中で$f(a)$に対して$f(x)|_{x=a}$のような書き方をした。この書き方は場合によっては大変便利なので，覚えておこう。例えば，導関数$f'(x)$の，$x=a$の場合の値を$f'(a)$と書くと，変数aによって微分したものと区別できない場合がよく起こる。これを$f'(x)|_{x=a}$と書いておけば，xで微分した関数にaを代入したものという意味がはっきりする。

のように計算できる。

🧑 複雑な式ですね。

👨 でも，最後の式をよく見ると，さっきの

$$\lim_{h \to 0} \frac{e^h - 1}{h} = 1$$

が使えるね。

🧑 ということは？

👨 つまり

$$(e^x)' = e^x \lim_{h \to 0} \frac{e^h - 1}{h} = e^x \times 1 = e^x$$

がいえた。

🧑 微分する前と同じ形ですね。

👨 そう。底がeの指数関数e^xは微分しても形が変わらないんだ。

🧑 不思議な関数ですね。

👨 これは底がeの場合に特徴的なことだけど，そのほかの底の場合，例えば，2^xなどの導関数でもほとんど同様の性質がある。それらの場合は，あとで考えることにしよう。

● 対数関数

👨 指数関数の次は対数関数だね。

🧑 高校でもそうでした。何か理由があるんですか？

👨 もちろん大ありだよ。最初に言ったように，対数関数は指数関数の逆関数だから。

🧑 その逆関数って何ですか？

🧑‍🦳 もとの関数と「逆方向の写像」のことだ。

🧑 全然わかりませんけど。

🧑‍🦳 これから具体例で説明するよ。

🧑 お願いします。

🧑‍🦳 まず，底 $a>0$ の指数関数とは，実数 x に対して別の実数 $y=a^x(>0)$ を対応させる写像，つまり

$$x \mapsto a^x = y$$

のことだったよね。

🧑 はあ。まあなんとなくわかります。

🧑‍🦳 以前と同様にこの関数のグラフを描けば，

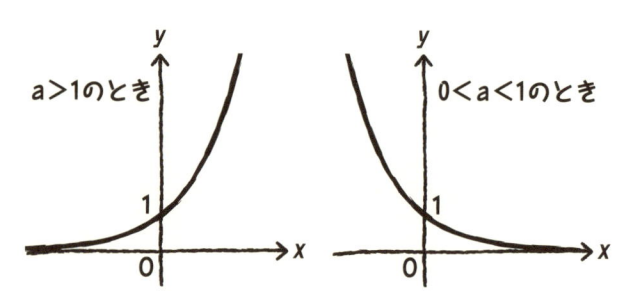

（$a>1$ のとき，$0<a<1$ のときのグラフ）

のようになり，ある x に対して，ただ1つの y が決まっている。

🧑 そうですね。

🧑‍🦳 だけどこの場合，ある y を決めたときにも，逆に x の値が1つ決まっていることもわかるよね。

🧑 そうなんですか？

🧑‍🦳 それをわかりやすくするには，グラフの x 軸と y 軸を取り替えてみればよい。つまり，グラフを描いた「紙」を裏返してみるんだ。

🧑 変な形のグラフですね。

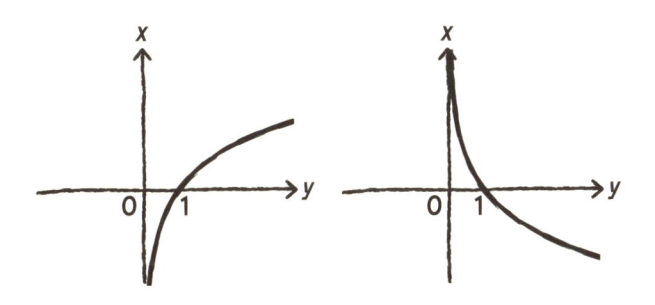

👨 こうしてみると、あるyに対して1つだけxの値が決まっていることがわかるよね。ただし、$y>0$という制限はつくけど。

🧑 はあ。

👨 で、このグラフで表されている関数は、もとの指数関数の逆関数なんだ。もともとの関数は$x \mapsto y=a^x$という写像だったけど、このグラフは逆に$y \mapsto x$という写像を表している。このように、もとの関数と「逆方向」の写像のことを**逆関数**というんだ。

🧑 じゃあ、これが対数関数ですか？

👨 そう。この$y=a^x$に対して決まる、$x=f(y)$を**底aの対数関数**と呼ぶことにして、

$$x=f(y)=\log_a y$$

という記号で表すことにしよう。

🧑 これはどう読むんですか？

👨 「ログ エイ ワイ」と読めばいい。

🧑 そういえば高校でもそう読んでいました。

👨 グラフからわかるように、この関数の値は横軸の値が1のときに0になる。この理由は簡単で、$y=a^x \Leftrightarrow x=\log_a y$に$x=0$を代入すると、左の指数関数側は$1=a^0$だから、右の対数関数側に翻訳すると

$$0 = \log_a 1$$

がいえる。

🙂 そうですね。

🧓 それから，$x=1$ を代入すれば，$a = a^1$ だから，

$$1 = \log_a a$$

もすぐにわかるよね。

🙂 はい。

🧓 それから，$y = a^x \Leftrightarrow x = \log_a y$ の左の式を右の式に代入して y を消去すると，

$$x = \log_a a^x$$

逆に，右の式を左の式に代入して x を消去すると，

$$y = a^{\log_a y}$$

がわかる。

🙂 なんだか複雑な式ですね。

🧓 でも，これらは当たり前で，$x = \log_a a^x$ は「指数関数の対数関数」はもとに戻る，$y = a^{\log_a y}$ は「対数関数の指数関数」ももとに戻るってことを言ってるだけなんだ。

🙂 そうなんですか？

🧓 だって，指数関数と対数関数は互いに逆方向の写像だから，

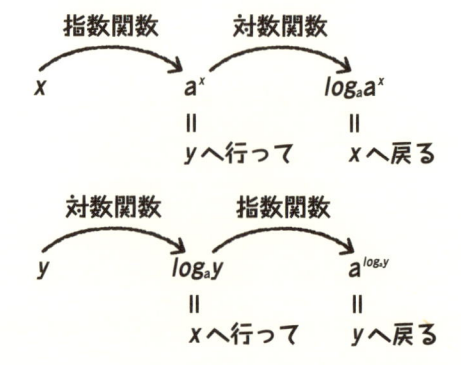

```
        指数関数      対数関数
    x  ─────→   aˣ  ─────→  logₐaˣ
                ‖            ‖
              yへ行って    xへ戻る

        対数関数      指数関数
    y  ─────→  logₐy ─────→  a^(logₐy)
                ‖            ‖
              xへ行って    yへ戻る
```

という関係にある。xから出発してyへ行って戻ってくることを表すのが$x=\log_a a^x$で、逆にyから出発してxへ行って戻ってくることを表すのが$y=a^{\log_a y}$だね。

🟢 対数法則

🧑‍🦳 ところで、対数関数は指数関数から作られたようなものだから、指数関数の性質が遺伝しているんだ。

🧑 遺伝ですか？ 生物みたいですね。

🧑‍🦳 まあね。指数関数の性質といえば「指数法則」だけど、対数関数は**対数法則**という性質を持つ。

🧑 どんな法則なんですか？

🧑‍🦳 まず、$A=a^\alpha$、$B=a^\beta$とおいてみよう。

🧑 αとかβは何ですか？

🧑‍🦳 任意の実数だね。対数の定義から、$\alpha=\log_a A$、$\beta=\log_a B$となることはいいよね？

🧑 まあ、大丈夫です。

🧑‍🦳 ここで、ABという積を考えて、その対数、つまり$\log_a AB$を計算する。指数法則$a^x a^y = a^{x+y}$と、指数・対数の性質$x=\log_a a^x$を使うと、

$$\log_a AB = \log_a a^\alpha a^\beta = \log_a a^{\alpha+\beta} = \alpha + \beta$$

となるよね。

🧑 えーと、なんとかわかります。

🧑‍🦳 ところで、$\alpha=\log_a A$、$\beta=\log_a B$だったから、最後の式は$\log_a A + \log_a B$と等しい。つまり、

$$\log_a AB = \log_a A + \log_a B$$

が成り立つ。これが1つめの対数法則だね。

この式は見たことがあります。

2つの数の積の対数は，それぞれの対数の和になるんだ。

対数法則は，まだあるんですか？

ああ。また$A=a^\alpha$を使って，$\log_a A^\gamma$を計算してみよう。γ(ガンマ)もまた任意の実数だよ。

今度はどんな式ですか？

指数法則$(a^x)^y=a^{xy}$を使えば，

$$\log_a A^\gamma = \log_a (a^\alpha)^\gamma = \log_a a^{\alpha\gamma} = \gamma\alpha$$

となるよね。

そうですね。

ここで同様に$x=\log_a a^x$を使えば，$\alpha=\log_a a^\alpha=\log_a A$だから，

$$\log_a A^\gamma = \gamma \log_a A$$

となる。これが2つめの対数法則だ。

γが下に落っこちてくるんですね。

● 対数の利用

ところで，こんなにややこしい対数関数なんて考えて，何かの役に立つんですか？

実は大いに役に立つんだなあ，これが。

そうなんですか？

例えば，何かが爆発的に増えるときに「指数関数的に増える」と言ったりすることがあるよね。

🧑 聞いたことはあるような気がします。

👨 この指数関数的に増えるってのは，数式で書くと

$$a \times 10^{kt}$$

のようなものをいう。ここで $a > 0$ と $k > 0$ はある数で，t は時間を表す変数だ。この量を横軸を時間 t としてグラフを描くと，どうなる？

🧑 えーと……

👨 だいたいのところ，前に描いた指数関数のグラフと似たようなものができるんだ。

🧑 はあ。

👨 指数関数のグラフは，底が1より大きいと，右の方へ行くとあっという間に上に突き抜けてしまうよね。

🧑 そうでした。

👨 だから，「爆発的に増える」現象を表すんだけど，このような現象を時間を追って見たいときには，このグラフのままでは扱いにくくて仕方がないよね。

🧑 そうですね。

👨 そのような場合は，対数グラフにすればいいんだ。

🧑 「対数グラフ」って？

👨 要するに縦軸の目盛りを対数に変換したもの。具体的には

$$a \times 10^{kt} \rightarrow \log_{10}(a \times 10^{kt})$$

としたものだね。

🧑 なんでそんなことをするんですか？

👨 さっきの対数法則を使うと，

$$\log_{10}(a \times 10^{kt}) = \log_{10} a + \log_{10} 10^{kt} = \log_{10} a + kt$$

となって，このグラフは時間 t の1次式，つまり1次関数のグラフになる。

😀 あっ，直線ですね。

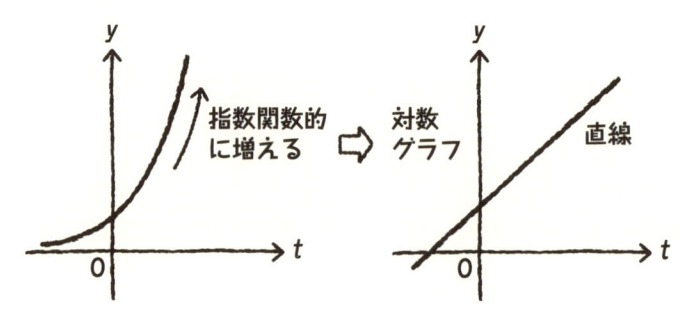

（図：左側に指数関数的に増えるグラフ、矢印で「対数グラフ」、右側に直線のグラフ）

🧑‍🏫 そう。縦軸は本当はものすごく大きな量なんだけど，対数グラフにすれば直線的な扱いやすいものになるんだ。このように，**対数関数は大きな量の取り扱いに便利**なんだね。

😀 そうだったんですね。

🧑‍🏫 で，ここで出てきた，底が10の対数を**常用対数**と呼ぶことが多い。

😀 これも聞いたことがあります。

底の変換

🧑‍🏫 実際に対数グラフを作るときには底が10の「常用対数」を使うことが多いけど，数学で普通に使われるのは底が e の対数関数なんだ。

😀 e って指数関数のところに出てきた，あの数ですか？

🧑‍🏫 そう。e には「自然対数の底」って名前があったよね。つまり，底が e である対数関数を**自然対数**と呼ぶんだ。この自然対数関数を表すときに，底を省略して $\log x$ と書いたり，あるいは $\ln x$ と書くこ

とも多いんだ*。

🧑 でも，底がeだと何かいいことがあるんですか？

👨 指数関数と同様に，微分するときに御利益がある。まあ，それはあとで考えることにして，ここでは異なる底を持つ対数関数どうしの関係を求めよう。

🧑 どういうことですか？

👨 つまり$a \neq b$のときの$\log_a x$と$\log_b x$の関係を調べるんだ。

🧑 はあ。どうすればいいんでしょう？

👨 まず，$y = a^{\log_a y}$のyをaに，aをbに置き換えると，ある正の数bに対して$a = b^{\log_b a}$だね。

🧑 そうですね。

👨 それと$1 = \log_a a$，対数法則$\log_a A^\gamma = \gamma \log_a A$を組み合わせると，

$$1 = \log_a a = \log_a b^{\log_b a} = \log_b a \times \log_a b$$

がわかる。つまり，

$$\log_b a = \frac{1}{\log_a b}$$

だ。

🧑 えーと，aとbが入れ替わってるんですね。

👨 そうだね。で，もう一度$y = a^{\log_a y}$のyをxに，aをbに置き換えると，$x = b^{\log_b x}$だから，

$$\log_a x = \log_a b^{\log_b x} = \log_b x \times \log_a b$$

となるけど，今のaとbの入れ替わりの式を使って，$\log_a b$のa，bを入れ替えると，

$$\log_a x = \frac{\log_b x}{\log_b a}$$

---

* やっかいなことに，数学書以外では常用対数を$\log x$と書く場合も多い。混乱を避けるため，本書では自然対数を$\ln x$と書き，その他の場合は底を明示することにする。

2-4 指数関数と対数関数

がいえた。これが底の変換公式だね。

どんなときに使うんですか？

例えば，常用対数と自然対数の変換をしてみると，底が10からeへの変換だから，

$$\log_{10} x = \frac{\ln x}{\ln 10}$$

となる。ここで，$\ln 10 ≒ 2.3$であることを使えば，

$$\log_{10} x ≒ 0.43 \times \ln x$$

となることがわかるよね。

対数関数の導関数

じゃあ，これから対数関数の導関数を求めてみよう。

いつものパターンですね。

でも，今回は導関数の定義式に当てはめる方法はとらないことにするよ。

どうしてですか？

対数関数と指数関数の関係から求めた方が，簡単なんだ。

どういうことですか？

その前に以前，底がaの対数関数を，指数関数の逆関数として

$$x = \log_a y$$

と定義したけど，このままだと文字の使い方がちょっと気持ち悪いよね。

気持ち悪い？

😀 関数を書き表すときには，定義域，つまりグラフの横軸の変数をx，値域，こちらは縦軸の変数をyと書いて

$$y=f(x)$$

と書くのが普通だよね。でも，今の場合$x=f(y)$のように普通と逆になっちゃってる。

😀 何で普通と違うんだろう？

😀 それは指数関数をもとに対数関数を定義したからだ。ここでは対数関数を改めて

$$y=f(x)=\log_a x$$

と書きなおすことにしよう。

😀 はい。

😀 まずは底がeの対数関数，つまり自然対数

$$y=\ln x$$

を考えよう。

😀 どうしてですか？

😀 指数関数のときを思い出そう。底eの指数関数の導関数は自分自身と同じ形をしていたよね。

😀 えーと，そうでした。$(e^x)'=e^x$ですね。

😀 この結果を使いたいんだ。つまり，なるべく計算を簡単にしたいんだね。

😀 じゃあ，底がeじゃない場合は難しいんですか？

😀 そんなことないんだけど，まず簡単なものから順番に求めていくのが上手なやり方だよね。

😀 はあ。

2-4 指数関数と対数関数

じゃあこれから，$y=\ln x$の微分を実行するんだけど，まずこの式をわざと指数関数に書きなおそう。

$$y=\ln x \Leftrightarrow x=e^y$$

となるよね。

えーと，底がeだったから……そうですね。

で，この指数関数で書いた方の両辺を，変数xで微分してみよう。

$$x=e^y \Rightarrow \frac{d}{dx}x=\frac{d}{dx}e^y \Rightarrow 1=\frac{d}{dx}e^y$$

となるよね。

最後は何をしたんですか？

左辺のxをxで微分したから1になったんだ。

はあ。

で，右辺の方は合成関数の微分公式を使って，

$$\frac{d}{dx}e^y = \left(\frac{d}{dy}e^y\right)\frac{dy}{dx}=e^y\frac{dy}{dx}$$

となる。ここで，$\frac{d}{dy}e^y=e^y$を使ったよ。結局，

$$1=e^y\frac{dy}{dx}$$

となるよね。

そうなんですか？

だって，yはxの関数だからxで微分ができるはずだからね。

これからどうするんですか？

この式を$\frac{dy}{dx}$について解けば完成だ。

$$1=e^y\frac{dy}{dx} \Leftrightarrow \frac{dy}{dx}=\frac{1}{e^y}=\frac{1}{x}$$

となって，

$$\frac{dy}{dx} = (\ln x)' = \frac{1}{x}$$

がわかった。

👨 なんかだまされたみたいです。

👴 もちろん，導関数の定義式からも同じ結果が得られるよ。

コラム K先生の独り言「自然対数関数の導関数」

自然対数関数 $\ln x$ の導関数を，定義に従って求めてみよう。まず，前に出てきた自然対数の底 e の定義式

$$(e^x)'|_{x=0} = \lim_{h \to 0} \frac{e^h - 1}{h} = 1$$

より，

$$e = \lim_{h \to 0} (1+h)^{\frac{1}{h}}$$

となることが知られている。逆に，これを自然対数の底 e の定義式と考えてもよい。

次に，導関数の定義式より

$$(\ln x)' = \lim_{h \to 0} \frac{\ln(x+h) - \ln x}{h}$$

となるが，右辺の分子は対数法則を使って

$$\ln(x+h) - \ln x = \ln(x+h) + \ln \frac{1}{x} = \ln \frac{x+h}{x}$$

と変形できる。これにより，導関数は

$$\begin{aligned}
\lim_{h \to 0} \frac{\ln(x+h) - \ln x}{h} &= \lim_{h \to 0} \frac{1}{h} \ln \frac{x+h}{x} \\
&= \lim_{h \to 0} \frac{1}{h} \ln \left(1 + \frac{h}{x}\right) \\
&= \lim_{h \to 0} \left\{ \ln \left(1 + \frac{h}{x}\right)^{\frac{1}{h}} \right\}
\end{aligned}$$

のような極限値で与えられることがわかる。この極限値は，次のように計算できる。まず，上式は

$$\lim_{h \to 0}\left\{\ln\left(1+\frac{h}{x}\right)^{\frac{1}{h}}\right\} = \lim_{h \to 0}\left\{\ln\left(1+\frac{h}{x}\right)^{\frac{x}{h} \times \frac{1}{x}}\right\}$$

となるが，右辺の指数部分にある$\frac{1}{x}$を対数関数の性質を使って前に出してやると，

$$\lim_{h \to 0}\left\{\ln\left(1+\frac{h}{x}\right)^{\frac{x}{h} \times \frac{1}{x}}\right\} = \frac{1}{x}\lim_{h \to 0}\left\{\ln\left(1+\frac{h}{x}\right)^{\frac{x}{h}}\right\}$$

となる。ここで，$k = \frac{h}{x}$と定義すれば，$h \to 0$のとき$k \to 0$だから，上式の極限値は

$$\lim_{h \to 0}\left\{\ln\left(1+\frac{h}{x}\right)^{\frac{x}{h}}\right\} = \lim_{k \to 0}\left\{\ln(1+k)^{\frac{1}{k}}\right\} = \ln\left\{\lim_{k \to 0}(1+k)^{\frac{1}{k}}\right\}$$

であるが，この対数関数の中身は，上で求めた自然対数の底であるから，$\ln e = 1$より，この極限値は1となる。以上をまとめると，先ほどと同じ結果，

$$(\ln x)' = \frac{1}{x}$$

になることがわかる。

● a^xの導関数

ところで，$\log_{10} x$とかはどうやって微分するんですか？

それは簡単で，底の変換公式を使って自然対数に変換してやれば，どんな底を持つ対数関数も簡単に微分ができる。

どうするんですか？

任意の底$a > 0$を持つ対数関数を微分してみよう。底の変換公式から，

$$\log_a x = \frac{\ln x}{\ln a}$$

となるから，

$$(\log_a x)' = \frac{(\ln x)'}{\ln a} = \frac{1}{\ln a} \times \frac{1}{x}$$

となるね。

🧑 $\ln a$ って何ですか？

👨‍🏫 定数 a の自然対数だから，ある決まった数だね。例えば $a=10$ なら，以前出てきたように $\ln 10 \fallingdotseq 2.3$ となる。

🧑 そうでしたね。

👨‍🏫 じゃあついでだから，これまで先延ばしにしていた a^x の導関数を求めてみることにしよう。

🧑 それ簡単じゃないですか。

$$(a^x)' = xa^{x-1}$$

ですよね？

👨‍🏫 えっ！ 全然違うよ……。$(x^n)'=nx^{n-1}$ と勘違いしてないかい？ これは，底が $a>0$ の指数関数だよ。

🧑 指数関数？

👨‍🏫 しょうがないなぁ。底が e の指数関数は微分しても形が変わらなかったのは覚えてる？

🧑 はい。

👨‍🏫 対数関数の性質を使うと，任意の底を持つ指数関数の導関数を求めることができるんだ。

🧑 どうするんですか？

👨‍🏫 まず，$y=a^{\log_a y}$ を思い出そう。この式で，$a=e$ の場合を考えると，任意の正の数 y に対して，$y=e^{\ln y}$ がわかる。

🧑 わざわざ複雑に書いた式ですね。

2-4 指数関数と対数関数

😀 でも，これが役に立つんだ。

🧑 というと？

😀 yは任意の正の数だから，$y=a$として$a=e^{\ln a}$はいいよね。

🧑 はい。

😀 だから，底aの指数関数は

$$a^x = (e^{\ln a})^x = e^{x\ln a}$$

と書きなおすことができる。これは底eの指数関数だから，微分は簡単だね。

🧑 そうですか？

😀 合成関数の微分公式を使えばいいんだ。指数関数の肩の部分にxの関数が乗ってると思えば，

$$(a^x)' = (e^{x\ln a})' = e^{x\ln a}(x\ln a)' = e^{x\ln a} \times \ln a = a^x \times \ln a$$

となって，もとの関数とだいたい同じになる。

🧑 だいたいって？

😀 せいぜい定数倍（$\ln a$倍）の違いってことだね。

コラム　K先生の独り言「べき関数の導関数」

　A君が勘違いしていたけど，a^x は a の肩に変数 x が乗っているから，指数関数だ。ここでは，A君の勘違いの対象と思われる「べき関数」

$$x^\alpha$$

の導関数を求めてみよう。ただし，ここで α は任意の実数とする。もし α が整数や有理数だったら，以前求めたように

$$(x^\alpha)' = \alpha x^{\alpha-1}$$

というよく知られたものになるけど，例えば $\alpha = \sqrt{2}$ のような無理数だったらどうなるだろう。実は指数・対数関数を使えば上の公式は，任意の実数 α に対して成り立つことが示せるんだ。

　実際，$x = e^{\ln x}$ を使えば

$$x^\alpha = (e^{\ln x})^\alpha = e^{\alpha \ln x}$$

となるから，合成関数の微分公式から

$$(x^\alpha)' = (e^{\alpha \ln x})' = e^{\alpha \ln x} (\alpha \ln x)'$$

となる。$(\ln x)' = \dfrac{1}{x}$ だから，

$$\begin{aligned}(x^\alpha)' &= e^{\alpha \ln x} (\alpha \ln x)' \\ &= e^{\alpha \ln x} \alpha \frac{1}{x} \\ &= \alpha x^\alpha \frac{1}{x} \\ &= \alpha x^{\alpha-1}\end{aligned}$$

が導ける。α が整数 n の場合の公式と，まったく同じ形をしているのは興味深い。

🟢 まとめ

●指数関数 a^x が持つ性質

(1) 指数法則
$$a^x a^y = a^{x+y}, \quad (a^x)^y = a^{xy}$$

(2) 導関数
$$(a^x)' = (\ln a) a^x$$

特に，底が e の場合の指数関数について，
$$(e^x)' = e^x$$
となる。

●対数関数 $\log_a x$ が持つ性質

(1) 対数法則
$$\log_a AB = \log_a A + \log_a B, \quad \log_a A^\alpha = \alpha \log_a A$$

(2) 導関数
$$(\log_a x)' = \frac{1}{(\ln a) x}$$

特に，底 e の場合の対数関数（自然対数）について，
$$(\ln x)' = \frac{1}{x}$$
となる。

第 3 章
面積を求める

この章で学ぶこと

- 関数のグラフが作る面積
  - 微積分学の基本定理
- 積分とは？
  - 不定積分
  - 定積分

3-1 グラフが囲む面積

　今いいですか？

　ああ。ますます深刻な顔をしているね。

　最近，また講義が難しくなってませんか？

　積分の話題に入ったからね。今までとは少し毛色が違うだろう？

　そうなんです。いったい何を計算しているのか，わからなくなることが多いんです。また復習してもらえますか？

　ああ。そうしようか。

直線が囲む面積

🧑‍🦳 しばらくの間，ある関数のグラフが作る図形の面積を考えることにしよう。一番簡単なグラフは覚えてる？

👦 直線のグラフですか？

🧑‍🦳 そうだね。そのなかでも特に簡単なのが0次関数 $f(x)=a$，つまり定数関数だ。

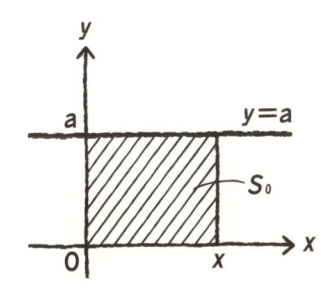

この関数が $x=0$ から任意の x までに x 軸との間で「囲む」面積を S_0 としよう。

👦 長方形の面積ですね。

🧑‍🦳 そうだね。すぐにわかるように，この面積は $a \times x = ax$ だね。

👦 そうですね。でも，それがどうかしましたか？

🧑‍🦳 この $S_0 = ax$ を x の関数と考えたいんだ。

👦 また難しい話になりそうですけど……

🧑‍🦳 まあ，そう言わずに聞きなよ。x を決めると S_0 も決まるんだから，これが x の関数だってのはわかるよね。で，この $S_0(x)$ の導関数はどうなるかな？

👦 ……。

🧑‍🦳 $S_0 = ax$ を x で微分するんだから……

3-1 グラフが囲む面積

🧒 ああ，それなら。えーと，

$$S_0'(x) = (ax)' = a$$

でいいですか？

👴 だいぶわかってきたようだね。大切なのは，ここにもとの関数 $f(x)=a$ が現れたことだ。これは覚えておこう。

🧒 はあ。

👴 次に簡単なのは，傾き k を持つ1次関数 $f(x)=kx$ だね。同様にこの関数が $x=0$ から任意の x までに x 軸との間で「囲む」面積を S_1 としよう。

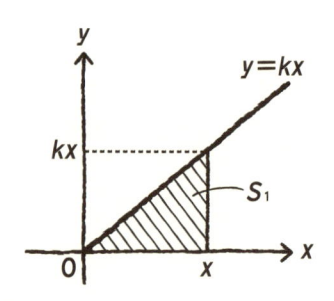

🧒 三角形の面積ですね。

👴 そうだね。S_1 の値はどうなるかな？

🧒 えーと，底辺の長さが x で……

👴 高さは kx だね。

🧒 ということは，

$$S_1 = \frac{1}{2} \times x \times kx = \frac{1}{2}kx^2$$

ですか？

👴 それでいい。これもまた x の関数になっているのはわかるよね。

🧒 はい。

👨‍🦳 で，やはり $S_1(x)$ の導関数を求めてみると，

$$S_1'(x) = \frac{1}{2}k(x^2)' = kx$$

となっていて，同様にもとの関数が現れるんだ。

🧑 不思議ですね。

● 曲線が囲む面積

👨‍🦳 さらに続けよう。

🧑 今度は何ですか？

👨‍🦳 次は曲線が囲んだ部分の面積の話にしよう。

🧑 そのあたりがよくわからないんです。何のためにそんなことを考えるんですか？

👨‍🦳 こういう「面積の計算」が実際に使われている例を挙げたらきりがないよ。

🧑 そうなんですか？

👨‍🦳 例えば，ある工場の1日の消費電力のグラフが次のようなものだったとする。

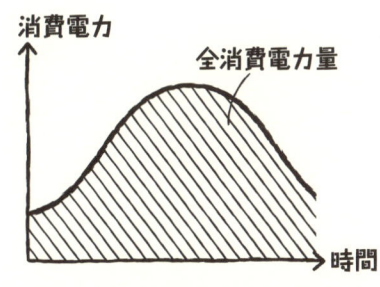

このグラフから，1日の全消費電力量を導き出したかったら，このグラフが作る面積を計算する必要があるよね。

😀 あー，そうか。

🧑‍🦳 一般に，このような量のグラフは直線的よりは曲線的に変動することが多いよね。消費電力のような，「絶えず変動する量」の総量を求めるには，これから話す積分の知識がどうしても必要になるんだ。

😀 わかりました。

🧑‍🦳 まずは一番簡単な曲線から始めよう。2次関数のグラフを考えるんだ。

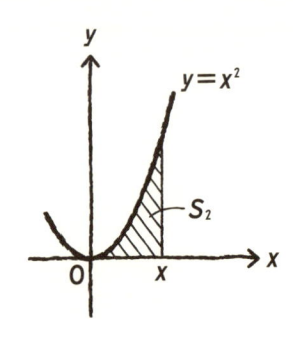

今までと同様に，$x=0$ から任意の x までに x 軸との間で $f(x)=x^2$ が囲む面積を S_2 としよう。

😀 これはどうやって求めるんですか？

🧑‍🦳 さっきの長方形（S_0）とか三角形（S_1）のグラフと違って，工夫が必要だね。

😀 工夫ですか？

🧑‍🦳 そう。まず 0 から x までの間を N 等分して，S_2 を細切れにする。

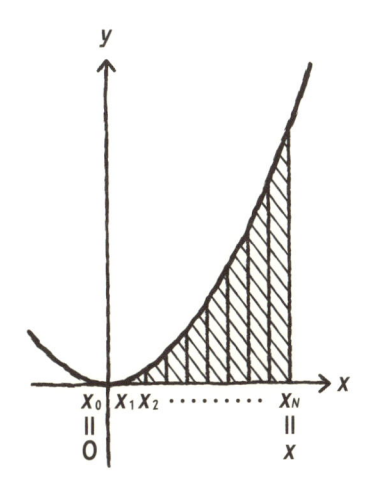

N 等分点は

$$x_n = \frac{n}{N}x \quad (n=0,\ 1,\ 2,\ \cdots,\ N)$$

だから，等分点での $f(x)$ の値は

$$f(x_n) = (x_n)^2 = \left(\frac{n}{N}x\right)^2$$

だね。

 つり橋みたいですね。

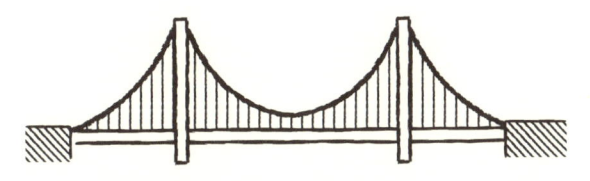

 まあね。それで，横幅が $\frac{x}{N}$ で，各等分点での $f(x)$ の値を高さに持つ長方形を考えよう。この長方形の面積ならすぐにわかるよね。

 えーと，タテ×ヨコだから……

$$\left(\frac{n}{N}x\right)^2 \times \frac{x}{N} = \frac{n^2}{N^3}x^3$$

ですか？

そうだね。それで，この長方形を$n=1$から$n=N$まで合計N個足し合わせた面積をS_Mとすれば，

$$S_M = \sum_{n=1}^{N} \frac{n^2}{N^3} x^3 > S_2$$

が成り立つよね。

長方形の面積の和の方がS_2より大きいんですね。

一方，和のとり方を変えて$n=0$から$n=N-1$までのようにとって，この総和をS_mとすれば，

$$S_m = \sum_{n=0}^{N-1} \frac{n^2}{N^3} x^3 < S_2$$

となることも，グラフからすぐにわかる。

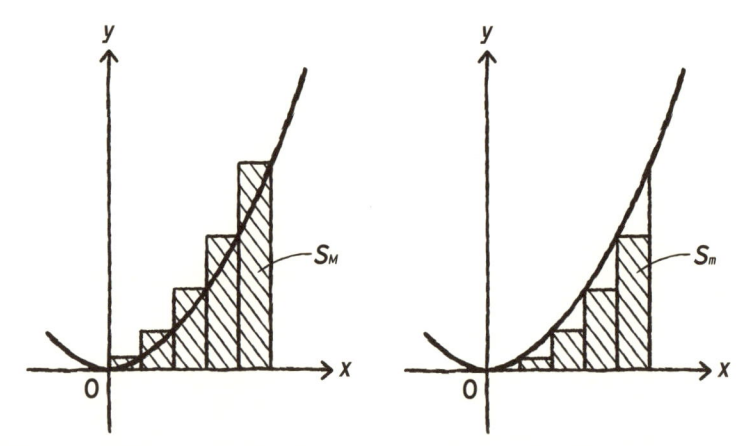

そうですね。

結局，各面積の大小関係は，

$$S_m < S_2 < S_M$$

のようになっているよね。

そうですけど，これからどうするんですか？

まずは計算できるものから計算してしまおう。

はあ。

🧓 長方形の面積の総和，S_M とか S_m は実際に計算できるんだ。

🧑 そうなんですか？

🧓 やってみよう。自然数の平方和の公式（p.130 コラム参照）を使えば，

$$S_M = \sum_{n=1}^{N} \frac{n^2}{N^3} x^3 = \frac{x^3}{N^3} \sum_{n=1}^{N} n^2$$
$$= \frac{x^3}{6N^3} N(N+1)(2N+1)$$
$$= \frac{x^3}{6N^3} (2N^3 + 3N^2 + N)$$
$$= \left(\frac{1}{3} + \frac{1}{2N} + \frac{1}{6N^2}\right) x^3$$

となるよね。

🧑 じゃあ，S_m はどうなるんですか？

🧓 これも同様に計算できるけど，

$$\sum_{n=0}^{N-1} n^2 = 0^2 + 1^2 + 2^2 + \cdots + (N-1)^2 = \sum_{n=1}^{N-1} n^2$$

だから，S_M の結果で，N を $N-1$ と置き換えれば，改めて計算する必要はないよね。つまり，

$$S_m = \sum_{n=1}^{N-1} \frac{n^2}{N^3} x^3 = \frac{x^3}{N^3} \sum_{n=1}^{N-1} n^2$$
$$= \left(\frac{1}{3} + \frac{1}{2(N-1)} + \frac{1}{6(N-1)^2}\right) x^3$$

だね。

🧑 これで完成ですか？

🧓 まだまだ。本当に求めたいのは，曲線で囲まれた面積 S_2 で，今はそれに近い値が求まっただけだよ。だから，ここでもう一工夫する。

🧑 というと？

😐 すべての長方形の横幅を限りなく小さくするんだ。つまり，N等分のNを限りなく大きい数にしてやって，限りなく細い長方形の面積を，限りなくたくさん足すことにすれば，S_MもS_mもともにS_2に限りなく近づいていくはずだ。

😀 そんなこと本当にできるんですか？

😐 実際，S_MやS_mの式を見ると，$N\to\infty$のような極限がとれる。つまり，

$$\lim_{N\to\infty} S_M = \lim_{N\to\infty} \left(\frac{1}{3} + \frac{1}{2N} + \frac{1}{6N^2}\right) x^3 = \frac{1}{3}x^3$$

とか

$$\lim_{N\to\infty} S_m = \lim_{N\to\infty} \left(\frac{1}{3} + \frac{1}{2(N-1)} + \frac{1}{6(N-1)^2}\right) x^3 = \frac{1}{3}x^3$$

とかね。

😀 同じ値になるんですね。

😐 そうだね。それが大切なところで，大小関係

$$S_m < S_2 < S_M$$

の下で，S_MとS_mが同じ値に近づいていくんだから，その間にあるS_2はまさにその値であることがいえるんだ。つまり，

$$S_2(x) = \frac{1}{3}x^3$$

ということがわかった。

😀 手品みたいですね。

● 微積分学の基本定理

😐 それで，直線で囲まれた部分の面積の話を思い出してもらいたいんだけど，S_0やS_1は微分すると，もとの関数になっていただろう？

😀 そうでしたね。

😐 今回も

$$S_2{}'(x) = \frac{1}{3}(x^3)' = x^2$$

となって，やはりもとの関数が現れるんだ。

🧑 本当だ。いったいどうなっているんですか？

👨 実は，これはもとの関数$f(x)$がどんなものであっても成り立つことなんだ。

🧑 どんな関数でも？

👨 そう。この「現象」の背後には**微積分学の基本定理**というものがあるからなんだ。

🧑 微積分学の基本定理ですか，難しそうですね。

👨 この基本定理を簡単に言えば，「関数のグラフの囲む面積を微分すると，もとの関数になる」ということになる。つまり，ある関数$f(x)$が$x=a$からxまでにx軸との間で囲む面積を$S(x, a)$と書いたとき，

$$S'(x, a) = f(x)$$

ということだね。

🧑 はあ。

👨 この式からわかることは，逆に面積を求めたければ「微分の逆の操作」をすればいいということになるよね。この微分の逆操作のことを普通は**積分**と呼ぶ。

```
グラフが囲む面積  ⇄  もとの関数
           微分 →
           ← 積分
```

🧑 「積分」というのは微分の逆のことなんですね。

👨 そう。正確に言えば，微分の逆操作のことは**不定積分**といって，ある関数を不定積分して得られる関数をもとの関数の**原始関数**と呼ぶんだ。

🧑 原始関数というのは聞いたことがあります。

👴 それがグラフの作る面積と関係しているのは，ちょっとおもしろいだろう。

🧑 はい。

👴 これから先は，この「微積分学の基本定理」がどうして成り立つのかを説明していくことにしよう。

> ### コラム　K先生の独り言「自然数の平方和」
>
> 　この節で使った「自然数の平方和」，つまり1からNまでの自然数の2乗の和
>
> $$\sigma_2 = 1^2 + 2^2 + \cdots + N^2 = \sum_{n=1}^{N} n^2$$
>
> を求めよう。σはα, βなどと同じギリシャ文字で，「シグマ」と読む。
>
> 　計算の中では「自然数の和」を用いるので，まず
>
> $$\sigma_1 = 1 + 2 + \cdots + N = \sum_{n=1}^{N} n$$
>
> を計算しておこう。σ_1の足し算の順番を逆にしたものも，もちろん同じ値σ_1になるから，
>
> $$\sigma_1 = 1 + 2 + \cdots + (N-1) + N$$
> $$\sigma_1 = N + (N-1) + \cdots + 2 + 1$$
>
> だ。辺々足し合わせると，
>
> $$2\sigma_1 = (1+N) + (2+N-1) + \cdots + (N-1+2) + (N+1)$$
> $$= (N+1) + (N+1) + \cdots + (N+1) + (N+1)$$
> $$= N(N+1)$$
>
> となり，
>
> $$\sigma_1 = \frac{1}{2} N(N+1)$$
>
> がわかる。
>
> 　次に，σ_2を求めるにはいろいろな方法があるが，最もよく知られ

ているのは次のものだろう。まず，
$$(n+1)^3-n^3=(n^3+3n^2+3n+1)-n^3=3n^2+3n+1$$
がいえる。この両辺をnについて1からNまで足し合わせると，まず左辺は

$$\sum_{n=1}^{N}\{(n+1)^3-n^3\}$$
$$=(2^3-1^3)+(3^3-2^3)+(4^3-3^3)+\cdots+\{(N+1)^3-N^3\}$$
$$=\{(N+1)^3-N^3\}+\{N^3-(N-1)^3\}+\cdots+(3^3-2^3)+(2^3-1^3)$$
$$=(N+1)^3\underbrace{-N^3+N^3-(N-1)^3+\cdots+3^3-2^3+2^3}_{=0}-1^3$$
$$=(N+1)^3-1^3$$
$$=N^3+3N^2+3N$$

となり，一方，右辺は先に求めたσ_1の和を用いると，

$$\sum_{n=1}^{N}(3n^2+3n+1)=3\sum_{n=1}^{N}n^2+3\sum_{n=1}^{N}n+\sum_{n=1}^{N}1$$
$$=3\sigma_2+3\sigma_1+N$$
$$=3\sigma_2+3\times\frac{1}{2}N(N+1)+N$$

となる。これらが等しいから，

$$N^3+3N^2+3N=3\sigma_2+3\times\frac{1}{2}N(N+1)+N$$

であり，これをσ_2について解けば，

$$\sigma_2=\sum_{n=1}^{N}n^2=\frac{1}{6}N(N+1)(2N+1)$$

が得られる。

> ◆ まとめ
>
> グラフが囲む面積を求めるには，微分と逆の操作「積分」をすればよい。

3-2 微積分学の基本定理

いよいよ「微積分学の基本定理」を解説しよう。もう忘れちゃってるかもしれないから，もう一度，定理をきちんと書いておくよ。

[微積分学の基本定理]

関数$f(x)$が$x=a$から$x=b(b>a)$までの区間で，x軸との間に作る面積$S(b,a)$は，
$$S(b,a)=F(b)-F(a)$$
で与えられる。ここで$F(x)$は$f(x)$の原始関数，すなわち$F'(x)=f(x)$である。

なんか，さっきと違うような気がしますけど。

ちょっと言い方を変えてるだけだよ。

そうですか。

● 証明の方針

じゃあ，この定理が成り立つことを簡単に見てみよう。

どうすればいいんですか？

まず，さっきのように区間の右端bを任意のxとおいてみる。そうすれば，$S(x,a)=F(x)-F(a)$と書けることはいいよね。

はい。

😀 だから，$S(x, a)$をxで微分したとき，

$$S'(x, a) = f(x)$$

となることが示せればいいんだ。

😀 そうなんですか？

😀 だって，この式が成り立つってことは，$S(x, a)$が$f(x)$の原始関数でできているってことだからね。

😀 ああ，そうか。

😀 そして，一般に原始関数には定数を足すだけの不定性がある。

😀 「不定性」って何ですか。

😀 つまり，原始関数とは，微分すればもとの関数になるような関数だけど，Cをある定数とすれば，定数は微分したら0になるから，

$$F'(x) = f(x) \Rightarrow (F(x) + C)' = f(x)$$

となる。

😀 そうですね。

😀 ということは，$F(x)$が$f(x)$の原始関数なら，$F(x) + C$もまた原始関数なんだ。

😀 なんとなく思い出してきました。

😀 だから，$S'(x, a) = f(x)$が成り立つならば，$S(x, a) = F(x) + C$のはずだよね。

😀 そうですね。

😀 だけど，$x = a$という特別な場合，つまりaからaまでの面積は0でなければならないから，

$$S(a, a) = F(a) + C = 0$$

となっていなければならない。

3-2 微積分学の基本定理

🧑 はあ。

👨 ということは，定数Cは$-F(a)$と決まるっていうことだから，
$$S(x, a) = F(x) - F(a)$$
がわかるね。

● 面積の極限値

👨 じゃあここで，ある関数$f(x)$が作る，次のような面積を考えよう。

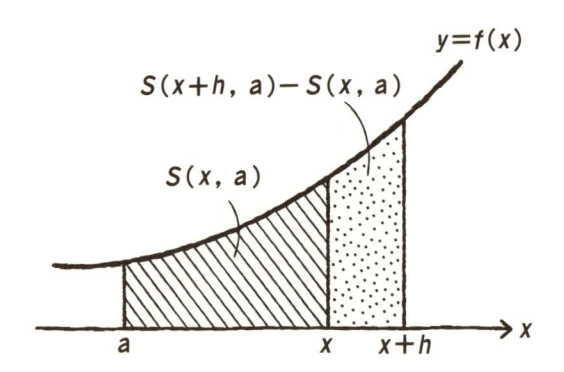

🧑 どういうことですか？

👨 この図の右側の部分に注目するんだ。xから$x+h$までの間で作られる部分の面積Aは，
$$A = S(x+h, a) - S(x, a)$$
だよね。

🧑 そうですね。

👨 それで，この部分だけを詳しく見ると，次のようになっている。

🧑 真ん中の c って何ですか？

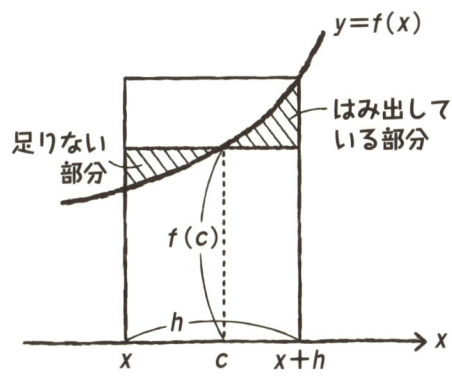

👨 ここが大切なんだ。この部分の横幅 h と，高さ $f(c)$ を持つ長方形の面積はわかる？

🧑 それは，$f(c) \times h$ ですよね？

👨 そう。それで，この長方形の面積と今考えている部分の面積 A が等しくなるような c の値が x と $x+h$ の間に必ずあるはずだ。

🧑 どういうことですか？

👨 だって，c より右側では A は長方形からはみ出ているけど，左側では長方形より小さいよね。

🧑 そうですね。

👨 いま，c を x にとれば，A は長方形の面積より大きい。逆に c を $x+h$ にとれば A は長方形の面積より小さいことが図からわかる。

🧑 はい。

👨 ということは，これらの「はみ出している部分」と「足りない部分」の面積がちょうど等しくなる場所がどこかにあるはずで，その場所を c と書いているんだ。

🧑 そうなんですか。でも，c ってどうやって求めるんですか？

求める必要なんかないんだよ。そういう値cがあるっていうのが重要なんだ*。

はあ。

だから，今言ったことを数式で書けば，

$$S(x+h, a) - S(x, a) = f(c)h$$

となるよね。

えーと……そうですね。

それで，この両辺をhで割れば，

$$\frac{S(x+h, a) - S(x, a)}{h} = f(c)$$

となるけど，ここで$h \to 0$の極限をとろう。

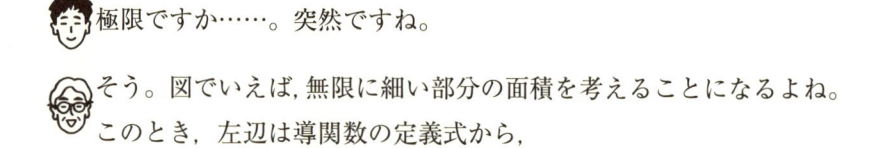

極限ですか……。突然ですね。

そう。図でいえば，無限に細い部分の面積を考えることになるよね。このとき，左辺は導関数の定義式から，

$$\lim_{h \to 0} \frac{S(x+h, a) - S(x, a)}{h} = S'(x, a)$$

となる。

右辺はどうなるんですか？

$h \to 0$のとき$x+h$は限りなくxに近づくから，xと$x+h$の間にあるcもxに近づくほかはない。したがって，

$$\lim_{h \to 0} f(c) = f(x)$$

だね。

ということは？

両辺の極限から，

$$S'(x, a) = f(x)$$

---

*本当は証明が必要な事項であるが，直感的に明らかなので省略する。

つまり，示したかった式が示せた。

● 積分記号の導入

🧑 結局，面積を求めるにはどうすればいいんですか？

👨 微積分学の基本定理からわかったのは，面積は原始関数で与えられるということだから，原始関数を求めればいい。

🧑 でも，具体的にはどうすれば？

👨 それは，大学1年次の微積分学の大きな課題だね。求め方は，あとでいろいろと調べることにして，ここでは，まず記法を整備することにしよう。

🧑 記法？

👨 そう。前にも言ったように，ある関数$f(x)$の原始関数$F(x)$を求めるには微分の逆の操作をすればよい。これを次のように書くことにするよ。

$$\int f(x)\,dx = F(x) + C$$

どう，シュッ*としてるだろう？

🧑 何ですか，「シュッ」って？　まあいいですけど，またCが出てきましたね。

👨 原始関数には定数を足すだけの不定性があるから，どうしても必要な定数なんだ。これを**積分定数**と呼ぶのが普通だね。

🧑 左辺もよく見る記号ですけど，どうも苦手です。インテグラルでしたっけ？

＊「かっこいい」とか「スマートな」という意味の関西弁。どうもK先生は関西出身らしい。

🧑‍🦳 まあ今のところは，「原始関数を求める操作」の記号と思っておけばいいよ。前にも言ったように，これを$f(x)$の「不定積分」と呼ぶんだったね。

🧑 面積と，どう関係しているんですか？

🧑‍🦳 微積分学の基本定理の式で見たように，面積は原始関数の差で与えられるから，

$$S(b,a)=F(b)-F(a)=\int_a^b f(x)dx$$

と書くことにするよ。

🧑 これもよく見ます。小さい文字がついてるやつですね。

🧑‍🦳 このように，積分の「下限a」と「上限b」を決めてしまえば，その値$S(b,a)$は1つに確定するよね。

🧑 そうなんですか？

🧑‍🦳 だって，原始関数の「不定性」Cは$F(b)$と$F(a)$の差をとったら打ち消しあっちゃうだろう？

🧑 そうか。

🧑‍🦳 つまり，上の式はただ1つの定数値に確定する。だからこれを**定積分**と呼ぼう。

🧑 聞いたことはあります。

● 定積分の性質

🧑‍🦳 ここでは，定積分の大切な性質を挙げておこう。前にも使ったけど，aからaまでの定積分は明らかに0だから，

$$\int_a^a f(x)dx=0$$

だね。

そうですね。

それから，

$$\int_a^b f(x)dx = F(b) - F(a) = -(F(a) - F(b)) = -\int_b^a f(x)dx$$

だから，

$$\int_a^b f(x)dx = -\int_b^a f(x)dx$$

もいいよね。

これはどういう意味ですか？

つまり「逆向き」の定積分はもとの定積分とは符合だけ違う，ということだね。

なるほど。

最後に，a，bとは別の点cをとれば，

$$\int_a^c f(x)dx + \int_c^b f(x)dx = \int_a^b f(x)dx$$

となることは明らかだね。

cがaとbの間にあるなら，面積の足し算になることはわかりますけど……

定義式

$$\int_a^b f(x)dx = F(b) - F(a)$$

を使えば，cがどこにあってもいいことはすぐわかるよ。

そうなんですか？

だって，

$$\int_a^c f(x)\,dx + \int_c^b f(x)\,dx = \{F(c)-F(a)\} + \{F(b)-F(c)\}$$
$$= F(b)-F(a) = \int_a^b f(x)\,dx$$

だからね。

● 負の面積

🧑‍🦳 ここで，少し定積分についての注意をしておこう。

🧑 どんなことですか？

🧑‍🦳 関数 $f(x)$ の値が負になる場合があり得るよね。

🧑 負ですか？

🧑‍🦳 そう。グラフでいえば，$f(x)$ が x 軸より下にある部分のこと。

🧑 まあそうですね。

🧑‍🦳 それで，次のように関数値が負の部分の「面積」を求めることを考えてみよう。

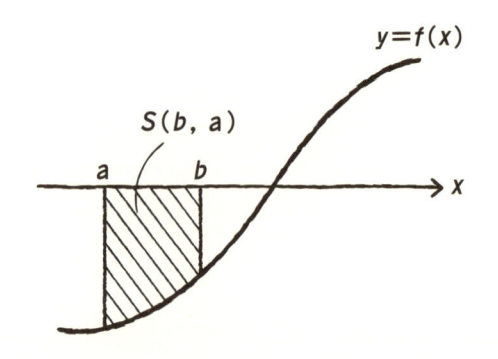

🧑 これが何か？

🧑‍🦳 以前，$f(x)=x^2$ の作る面積を求めたように，区間を細かく区切ってたくさんの長方形に分割して，面積を求めてみるとどうなるだろう。

😀 えーと……

👨‍🏫 答えを言ってしまえば，面積が負の値になってしまうんだ。

😀 そうなんですか。

👨‍🏫 だって個々の長方形の「面積」は「タテ×ヨコ」，つまり「関数の値×横幅」だったけど，その関数の値が負なんだから。

😀 じゃあ，どうすればいいんですか？

👨‍🏫 面積は本来は正の量だから，「本当に$f(x)$がx軸との間に作る面積」を求めたかったら，$f(x)$の「絶対値」をとってから，積分する必要があるよね。

😀 「絶対値」？

👨‍🏫 つまり，「本当の面積」は

$$S(b, a) = \int_a^b |f(x)| \, dx$$

として計算すべきってこと。

😀 疲れて……いや，わかりました。

👨‍🏫 じゃあ，今日はこのくらいにしておこうか。

まとめ

関数$y=f(x)$のグラフが$x=a$から$x=b$までにx軸との間で囲む面積は，

$$S(b, a) = \int_a^b |f(x)| \, dx$$

第4章
不定積分の計算

この章で学ぶこと

- いろいろな関数の不定積分
  - べき関数
  - 三角関数
  - 指数関数
  - 有理関数
- 不定積分の公式
  - 項別積分
  - 置換積分
  - 部分積分

4-1 基本的な不定積分

また数日後の研究室。

🧑 やっぱり積分は難しいです。

👨 じゃあ，具体的な不定積分について，いろいろと考えてみることにしようか。

🧑 お願いします。

$$S_1'(x) = \frac{1}{2}k(x^2)' = kx$$

● 導関数の公式から

👨 前回見たように，面積，つまり定積分の値を求めるには，原始関数を知る必要がある。

😀 そうでした。

🧔 そして「原始関数を求めること」を「関数を不定積分する」と呼ぶんだったね。

😀 はい。

🧔 もとの関数を$f(x)$，その原始関数のひとつを$F(x)$としよう。

😀 「ひとつ」って何ですか？

🧔 これも前回説明したように，原始関数にはどうしても「積分定数」の分だけの不定性がついて回るから，ただ1つには決まらないものなんだ。だから，単に$F(x)$と書いたら，それは原始関数の中のあるひとつのもの，ということになる。

😀 なんだ，そういうことですか。わかりにくい言い方ですね。

🧔 確かに不正確な言い方を避けようとすると，どうしても言い回しが難しくなるよね。

😀 少しくらい不正確でも，わかりやすい方がいいんじゃないですか？

🧔 そうかもしれない。だけど，数学では言葉の使い方には敏感でないと，どこかで落とし穴にはまる危険があるよ。

😀 はあ。

🧔 不定積分の話に戻ろう。$f(x)$と$F(x)$の関係は，

$$F'(x) = f(x) \Leftrightarrow F(x) + C = \int f(x)\,dx$$

のようになっているのはいいよね。Cはもちろん積分定数だよ。

😀 はい。

🧔 この左側の式からわかるように，$F(x)$を知りたければ，微分して$f(x)$になる関数を探せばいいよね。

😀 それはそうですけど，どうやって探すんですか？

4-1 基本的な不定積分

そりゃあ，一般的に探すのは，難しいっていうよりも不可能なんだけど，簡単に探せるものをリストアップしておくと後々有益だから，まずそこから始めよう。

リストアップですか？

そう。まずはできることからするのが定石だ。

● べき関数の不定積分

以前「べき関数」の導関数を求めたけど，覚えてる？

x^αっていうやつですか？

そうだね。αがどんな実数であっても

$$(x^\alpha)' = \alpha x^{\alpha-1}$$

となるんだ。

そうでしたね。

で，この式と$F'(x)=f(x)$を見比べれば，べき関数の原始関数もわかるんだ。つまり「べき関数の不定積分」の公式が作れる。

そうなんですか？

公式を見やすくするために，上の式を次のように書きなおそう。まず$\alpha \neq 0$とすれば，全体をαで割れるから，

$$(x^\alpha)' = \alpha x^{\alpha-1} \Leftrightarrow \frac{1}{\alpha}(x^\alpha)' = x^{\alpha-1} \Leftrightarrow \left(\frac{1}{\alpha}x^\alpha\right)' = x^{\alpha-1}$$

となるよね。

そうですね。

ここで，αを改めて$\alpha+1$と書きなおせば，$\alpha-1$はαになるから，

$$\left(\frac{1}{\alpha+1}x^{\alpha+1}\right)' = x^\alpha$$

となる。

🧑 はい。

👴 ただし，α が0でないという条件も，$\alpha \neq -1$ という条件に変わってるから注意しよう。

🧑 この条件は何なんですか？

👴 だって，$\alpha = -1$ だと左辺の分母が0になっちゃって，この式に意味がなくなっちゃうだろう？

🧑 そうか。

👴 で，この式と $F'(x) = f(x)$ を見比べると，x^α の原始関数は左辺の括弧の中の $\dfrac{1}{\alpha+1} x^{\alpha+1}$ であることがわかる。つまり，

$$\int x^\alpha dx = \frac{1}{\alpha+1} x^{\alpha+1} + C$$

という公式が得られた。

🧑 よく見る式ですね。

👴 そうだろう。微分すると x の次数は1ずつ減っていくけど，積分すると逆に1ずつ増えるんだね。

🧑 具体的にはどういうことですか？

👴 例えば，$\alpha = 1, 2, 3, \cdots$ のような自然数の場合，

$$\int x\, dx = \frac{1}{2} x^2,\ \int x^2 dx = \frac{1}{3} x^3,\ \int x^3 dx = \frac{1}{4} x^4,\ \cdots$$

などということだね。これからは必要なとき以外，積分定数 C は省略することにするよ。

🧑 α は自然数でなくてもいいんですよね？

👴 $\alpha \neq -1$ ならば何でもいい。例えば，$\alpha = \dfrac{1}{2}$ の場合はどうなるかな？

4-1 基本的な不定積分

🧑 えーと，$x^{\frac{1}{2}} = \sqrt{x}$ でしたよね？ だから，
$$\int x^{\frac{1}{2}} dx = \int \sqrt{x} dx = \cdots\cdots ?$$

👨 そうしちゃうと，せっかくの公式が使えないよ。$\alpha + 1 = \frac{1}{2} + 1 = \frac{3}{2}$ だから，
$$\int x^{\frac{1}{2}} dx = \frac{2}{3} x^{\frac{3}{2}}$$
だね。

🧑 そうか。じゃあ，α が負の数でもいいんですか？

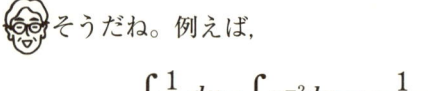

👨 そうだね。例えば，
$$\int \frac{1}{x^2} dx = \int x^{-2} dx = \frac{1}{-2+1} x^{-2+1} = -x^{-1} = -\frac{1}{x}$$
などとなる。

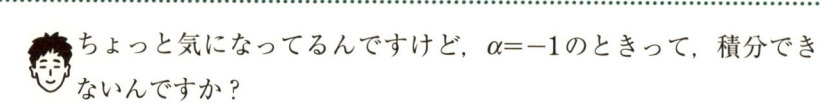

● x^{-1} の不定積分

🧑 ちょっと気になってるんですけど，$\alpha = -1$ のときって，積分できないんですか？

👨 それはとてもいい質問だね。

🧑 初めてほめられた気がします。

👨 はは。それじゃあ考えてみよう。$\alpha = -1$ の場合っていうのは，$x^{-1} = \frac{1}{x}$ だから，
$$\int \frac{1}{x} dx$$
のことだよね。

🧑 そうですね。

👨 この場合も，実は以前見た導関数の公式を使えば，原始関数は簡単に求まるよ。

👦 そうなんですか？

👴 前に対数関数の導関数を考えただろう？

👦 はい。

👴 特に自然対数関数 $\ln x$ の導関数は，

$$(\ln x)' = \frac{1}{x}$$

だったよね。

👦 そういえば。

👴 この公式からすぐにわかるように，$\frac{1}{x}$ の原始関数は $\ln x$ なんだ。つまり，公式

$$\int \frac{1}{x} dx = \ln x + C$$

がわかる。ただし，対数関数の定義域は正の実数だったから，これが適用できるのは $x > 0$ の場合に限定されているよ。

👦 こんなところに対数関数が出てくるなんて，なんだか不思議な公式ですね。

👴 ちょっとおもしろいだろう*？

👦 でも，x が負の場合には使えないんですか？

👴 それは公式を少し修正すればいい。関数 $\ln|x|$ の導関数を求めてみよう。$x > 0$ の場合は今の公式でいいけど，$x < 0$ の場合は $|x| = -x$ だから，

$$(\ln|x|)' = \{\ln(-x)\}' = \frac{1}{-x} \times (-x)' = \frac{1}{-x} \times (-1) = \frac{1}{x}$$

となる。ただし，合成関数の微分を使ったよ。

---

*今考えている「実関数」の微積分の先には，「複素関数」の微積分が控えている。この複素関数の話をするときには，この公式が決定的に重要になる。

👦 $x>0$ のときと同じなんですね。

👴 そうだね。だから，$x<0$ の場合も考慮すれば，$\dfrac{1}{x}$ の不定積分は，

$$\int \dfrac{1}{x}dx = \ln|x| + C$$

だね。

● 三角関数の不定積分

👦 次は何を考えますか？

👴 三角関数にしよう。

👦 $\sin x$ とか $\cos x$ とかですね。

👴 そう。これらの微分公式は覚えてる？

👦 えーと，確か

$$(\sin x)' = \cos x, \quad (\cos x)' = -\sin x$$

でした。

👴 そうだね。それともうひとつ

$$(\tan x)' = \dfrac{1}{\cos^2 x}$$

というのがあったね。

👦 ああ，そうでした。

👴 これらから，すぐに

$$\int \cos x\, dx = \sin x + C$$

$$\int \sin x\, dx = -\cos x + C$$

$$\int \dfrac{1}{\cos^2 x}dx = \tan x + C$$

という不定積分の公式が出てくるよね。

😊 $\sin x$と$\cos x$が互いに入れ替わるのは，微分の公式と同じですか？

🧔 そうでもないよ。マイナス符号の位置に注意してよく見てごらん。$\sin x$を積分すると$-\cos x$とマイナス符号が出る。一方，微分するとマイナス符号が出るのは$\cos x$の方だったよね。

😊 間違えそうですね。

🧔 今見ているように，不定積分は微分の逆操作だから，微分の公式さえしっかり覚えていれば大丈夫だよ。

😊 ちょっと自信がありませんけど……

🧔 とにかく慣れることだね。

● 指数関数の不定積分

🧔 次は指数関数の原始関数を考えよう。

😊 今度は指数関数ですか。

🧔 指数関数の微分公式は覚えてるかな？

😊 どんな式でしたっけ？

🧔 これらだね。

$$(e^x)' = e^x$$
$$(a^x)' = (\ln a)a^x$$

ただし，$a > 0$だよ。

😊 そういえば思い出しました。微分しても，あまり変わらないってのは覚えてます。

🧔 そうだね。微分してもあまり変わらないんだから，当然積分してもあまり変わらない。特に底がeの場合は極端で，微分してもまったく同じ関数だから，積分したって変わらない。つまり，

$$\int e^x dx = e^x + C$$

だ。

🧑 もうひとつの方はどうなるんですか？

👨 これもほとんど同じだよ。まず$a \neq 1$なら$\ln a \neq 0$だから，微分の公式の両辺を$\ln a$で割って，

$$\frac{1}{\ln a}(a^x)' = a^x \Leftrightarrow \left(\frac{a^x}{\ln a}\right)' = a^x$$

となる。

🧑 そうですね。

👨 だから，積分公式は

$$\int a^x dx = \frac{a^x}{\ln a} + C \quad (a > 0, \ a \neq 1)$$

となる。

🧑 なるほど。で，次はどんな公式ですか？

👨 一応リストアップはここまでにしておこう。

🧑 え！？　じゃあ，これで不定積分はおしまいなんですか？

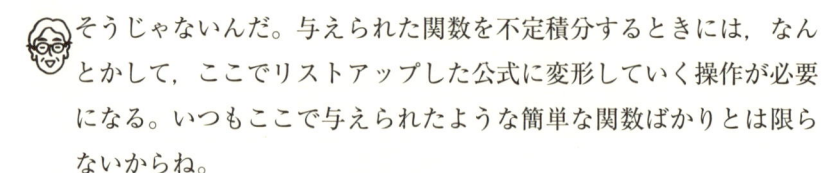

👨 そうじゃないんだ。与えられた関数を<u>不定積分</u>するときには，なんとかして，ここでリストアップした公式に変形していく操作が必要になる。いつもここで与えられたような簡単な関数ばかりとは限らないからね。

🧑 じゃあ，どうすればいいんですか？

👨 次は，そのような<u>変形操作</u>について，いろいろと考えていくことにしよう。

コラム　K先生の独り言「逆三角関数」

　A君と一緒に，べき関数，三角関数，指数関数の不定積分を基本的なリストとして挙げた。ここでは，大学1年次の積分に現れる，もうひとつの重要な関数について簡単に触れておこう。

　それは，逆三角関数という種類の関数たちで，その名の通り三角関数と密接にかかわっている。以前「対数関数」を「指数関数」の逆関数として定義したけど，この「逆三角関数」は「三角関数」の逆関数だ。例えば，$\sin$ の逆関数を $\arcsin$ と書くことにすると，互いの関係は

$$y=\arcsin x \Leftrightarrow x=\sin y$$

だ。指数関数と対数関数の関係 $y=\ln x \Leftrightarrow x=e^y$ と比べてみてほしい。ただし，ある理由により，y のとり得る値の範囲を慎重に制限しなければならない（詳細は適当な教科書を参照のこと）。

　対数関数の導関数を求めたときと同様にして，合成関数の微分公式を使って，$\arcsin x$ の導関数を求めると，

$$(\arcsin x)' = \frac{1}{\sqrt{1-x^2}}$$

となることが示せる。$\cos$ の逆関数 $\arccos$ についてもほぼ同様の公式が得られる。次に $\tan$ の逆関数 $\arctan$ を考えると，同様にして

$$(\arctan x)' = \frac{1}{1+x^2}$$

も示せる。

　以上2つの微分公式から，不定積分の公式

$$\int \frac{dx}{\sqrt{1-x^2}} = \arcsin x + C$$

$$\int \frac{dx}{1+x^2} = \arctan x + C$$

が得られる。大学1年次以上の微積分では，これらの公式も必要になる場合が多い。なお，$\arcsin x$ や $\arctan x$ は，それぞれ $\sin^{-1} x$ や $\tan^{-1} x$ と書かれる場合もあるから注意しよう。

まとめ

●べき関数の不定積分公式

$$\int x^\alpha dx = \frac{1}{\alpha+1}x^{\alpha+1}+C \quad (\alpha \neq -1)$$

$$\int \frac{1}{x}dx = \ln|x|+C$$

●三角関数の不定積分公式

$$\int \cos x\, dx = \sin x + C$$

$$\int \sin x\, dx = -\cos x + C$$

$$\int \frac{1}{\cos^2 x}dx = \tan x + C$$

●指数関数の不定積分公式

$$\int a^x dx = \frac{a^x}{\ln a} + C \quad (a>0,\ a \neq 1)$$

特に，$a=e$ のとき，

$$\int e^x dx = e^x + C$$

4-2 簡単に積分するには

● 積分中の定数

まず最初に，

$$\int 3x^6 dx$$

を求めてみよう。

べき関数の積分公式を使えばいいんですね。でも，3はどうすればいいんだろう？

積分記号の中の定数は外に出せるんだ。実際，$F(x)$ を $f(x)$ の原始関数のひとつとすれば，a をある定数として，$\{aF(x)\}' = aF'(x) = af(x)$ となるから，$af(x)$ の原始関数のひとつは $aF(x)$ だよね。

そうですね。

つまり，

$$\int af(x)dx = aF(x) + C$$

ということだけど，右辺の $F(x)$ は $f(x)$ の原始関数だったから，

$$aF(x) + C = a\int f(x)dx$$

となる。この2式を見比べれば，

$$\int af(x)dx = a\int f(x)dx$$

がわかる。

ということは，

$$\int 3x^6 dx = 3\int x^6 dx$$

でいいですか？

そう。これで公式が使えるね。

えーと，

$$3\int x^6 dx = 3 \times \frac{1}{6+1} x^{6+1} + C = \frac{3}{7} x^7 + C$$

ですね。

● 項別積分

次は，

$$\int (3x + x^5) dx$$

を計算してみよう。

どんどん複雑になりますね。

こういう場合は，各項ごとに積分すればいいんだ。

各項ごとって？

つまり，$3x$ と x^5 をそれぞれ積分して最後に加えればいいんだ。

そうなんですか？

$f(x)$ と $g(x)$ を2つの関数とすれば，

$$\int \{f(x) + g(x)\} dx = \int f(x) dx + \int g(x) dx$$

が成り立つということだね。これを示してみよう。

どうすればいいんですか？

この両辺を微分して，同じ結果になればいい。

微分ですか。

左辺は$f(x)+g(x)$の不定積分だから，微分すればもとに戻って，$f(x)+g(x)$そのものになるよね。

右辺の方は？

右辺は「和の微分公式」を使って各項別に微分すればよくて，

$$\left(\int f(x)dx + \int g(x)dx\right)' = \left(\int f(x)dx\right)' + \left(\int g(x)dx\right)'$$

となるけど，この式の右辺はやはり$f(x)+g(x)$となるから，さっきの式が正しいことが示せたね。

ということは，

$$\int (3x+x^5)dx = \int 3x\,dx + \int x^5 dx$$

ですか？

そうだね。それと，定数は積分の外に出せることを使えば，

$$\int 3x\,dx + \int x^5 dx = 3\int x\,dx + \int x^5 dx = \frac{3}{2}x^2 + \frac{1}{6}x^6 + C$$

となる。

結構簡単ですね。

● 置換積分

それじゃあ，もう少し複雑な不定積分を考えてみよう。

今度はどんなものですか？

例えば，

$$\int (3x+5)^4 dx$$

のような積分だね。

これはどうすればいいんですか？ $(3x+5)^4$を展開して積分するんですか？

😊 それでもいいけど，じゃあ

$$\int (3x+5)^{40} dx$$

だったらどうする？

😲 40乗ですか！　こんなのできるわけないじゃないですか。

😊 こういう場合は，展開なんて考えても仕方がないことはわかるよね。

🙂 まあ，そうですね。

😊 もっと，別の方法で攻めよう。

🙂 どうするんですか？

😊 「積分変数の変換」をするんだ。

🙂 なんか難しそう……

😊 別名は「置換積分」ともいうけど。

🙂 それは聞いたことがあります。

😊 公式を書いてしまおう。関数$f(x)$の不定積分は，

$$\int f(x)\,dx$$

だけど，ここで変数xがさらに別の変数uの関数である場合を考えるんだ。

🙂 どういうことですか？

😊 式で書けば簡単，

$$x = x(u)$$

となっているってことだね。このような場合，不定積分は

$$\int f(x)\,dx = \int f(x(u))\frac{dx}{du}du$$

のように書きなおすことができる。これを**置換積分の公式**というんだ（証明はp.164コラム参照）。

😀 この式がよくわからないんです。特に右辺が。

🧑‍🏫 左辺は普通の不定積分で，変数xで積分しているのはいいよね？

😀 それはわかります。

🧑‍🏫 一方，右辺は変数uによる積分なんだ。

😀 じゃあ，$\dfrac{dx}{du}$って何ですか？

🧑‍🏫 これは変数xのuによる導関数だから，やはりuの関数だ。つまり，右辺をきちんと書けば，

$$\int f(x(u))\dfrac{dx}{du}(u)\,du$$

ということになっていて，積分記号の中はすべてuの関数だから，変数uによって不定積分ができるんだ。

😀 $f(x)$もuの関数なんですか？

🧑‍🏫 x自体がuの関数だから，$f(x)$もやはりuの関数と考えられるよね。それを明示するために$f(x(u))$と書いてあるよ。

😀 ということは……

🧑‍🏫 この公式によって，積分の変数をxからuに，または逆にuからxに自由に変換できるってことだね。

😀 どうやって使うんですか？

🧑‍🏫 さっきの40乗の例題で使ってみよう。

😀 はい。

🧑‍🏫 例題は，

$$\int (3x+5)^{40}\,dx$$

だったね。したがって，積分されるべき関数は$f(x)=(3x+5)^{40}$だ。

第 **4** 章 不定積分の計算

4-2 簡単に積分するには 159

そうですね。

置換積分を実行してみよう。このような場合は，$u=3x+5$とおけばいいんだ。

どういうことですか？

この置き換えによって，
$$f(x)=(3x+5)^{40}=u^{40}$$
となるよね。

そうですね。

置換積分の公式を使うには，$\dfrac{dx}{du}$が必要だけど，これは$u=3x+5$をxについて解けば，
$$u=3x+5 \Leftrightarrow 3x=u-5 \Leftrightarrow x=\dfrac{1}{3}(u-5)$$
だから，これを微分して
$$\dfrac{dx}{du}=\dfrac{1}{3}$$
がわかる。

ここからどうするんですか？

すべての材料はもう出揃ったから，あとは公式に当てはめよう。公式の右辺は
$$\int f(x(u))\dfrac{dx}{du}du=\int u^{40}\dfrac{1}{3}du=\dfrac{1}{3}\int u^{40}du$$
だね。

そうですね。

この積分は，単に「べき関数」の積分に過ぎないから，
$$\dfrac{1}{3}\int u^{40}du=\dfrac{1}{3}\times\dfrac{1}{41}u^{41}+C$$
のように計算できるだろう？

これが答えですか？

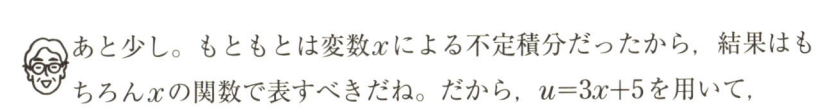

😀 あと少し。もともとは変数xによる不定積分だったから，結果はもちろんxの関数で表すべきだね。だから，$u=3x+5$を用いて，

$$\int (3x+5)^{40} dx = \frac{1}{3} \times \frac{1}{41} u^{41} + C = \frac{1}{123}(3x+5)^{41} + C$$

と書いて完成だ。

😀 できちゃうんですね。

😀 実はこの「置換積分」なしでは，ほとんどの不定積分は求まらないから，使い方をよく知っておく必要があるんだ。要するに，積分変数の変換をして，「べき関数」のようなよく知っている不定積分にもっていくのが「みそ」だね。

😀 でも，高校のときから苦手なところだったんです。

😀 確かに，この公式を使いこなすのはかなりの「慣れ」が必要だね。

😀 やっぱり。

😀 だから，いろいろな使用例をたくさん見ておくことが大切だ。

😀 そうですね。

😀 今の例では，置換積分の公式で「左辺から右辺」への変形を利用したけど，今度は逆に「右辺から左辺」への変形を利用してみよう。

😀 どういうことですか？

😀 例えば，

$$\int \{\sin(u^2+1)\} u\, du$$

とか，

$$\int e^{-u^4} u^3 du$$

なんてのを考えよう。

😀 どうして変数がuなんですか？

4-2 簡単に積分するには

公式をどのように使っているか、はっきりさせるためだ。普通に変数xを使っても、もちろん結果は同じだね。

はあ。

最初の積分では、$x=u^2+1$と変換してみよう。そうすると、

$$\frac{dx}{du}=2u \Leftrightarrow u=\frac{1}{2}\frac{dx}{du}$$

となる。

そうですね。

この右側の式を見ると、

$$\int \{\sin(u^2+1)\} udu = \int (\sin x)\frac{1}{2}\frac{dx}{du}du = \frac{1}{2}\int \sin x \frac{dx}{du}du$$

と変形できることがわかるね。

ここからどうするんですか？

ここで置換積分の公式を適用すれば、一番右の辺は

$$\frac{1}{2}\int \sin x \frac{dx}{du}du = \frac{1}{2}\int \sin x dx$$

となることがわかるよね。

そうか、ここまで来れば$\sin x$の積分ですね。

そう。結局、

$$\int \{\sin(u^2+1)\} udu = -\frac{1}{2}\cos x + C = -\frac{1}{2}\cos(u^2+1) + C$$

がわかった。

じゃあ、もうひとつの方はどうなりますか？

これも同様に$x=-u^4$とおいてみよう。以下同様に、

$$\frac{dx}{du}=-4u^3 \Leftrightarrow u^3=-\frac{1}{4}\frac{dx}{du}$$

だから、

$$\int e^{-u^4}u^3 du = -\frac{1}{4}\int e^x \frac{dx}{du}du$$
$$= -\frac{1}{4}\int e^x dx$$
$$= -\frac{1}{4}e^x + C$$
$$= -\frac{1}{4}e^{-u^4} + C$$

となるよね。

🧑 先生が計算するのを見てるとわかるんですけど，自分でやるときはいつも不安です。

👨‍🏫 結果が不安なら，必ず検算をしよう。

🧑 検算ですか？

👨‍🏫 そう。不定積分の逆操作は微分だったね？

🧑 そうですね。

👨‍🏫 だから，得られた不定積分が正しいかどうかを見るには，それを微分してみて，もとの関数になっているか確かめればいい。

🧑 微分ですか。

👨‍🏫 例えば，今の結果が正しいことを確かめるには，

$$\left(-\frac{1}{4}e^{-u^4} + C\right)'$$

を計算してみればいいよね。ただし，ここでは ′ は u による微分だよ。

🧑 これがどうなっていればいいんですか？

👨‍🏫 だから，もとの関数，つまり積分記号の中の関数になっていればいいんだ。

🧑 ということは，$e^{-u^4}u^3$ ですか？

そう。実際に微分してみると，合成関数の微分公式を使って，

$$\left(-\frac{1}{4}e^{-u^4}+C\right)' = -\frac{1}{4}(e^{-u^4})'$$
$$= -\frac{1}{4}e^{-u^4}(-u^4)'$$
$$= -\frac{1}{4}e^{-u^4}(-4u^3)$$
$$= e^{-u^4}u^3$$

となる。

確かにそうなってますね。

> ### コラム　K先生の独り言「置換積分の公式」
>
> 置換積分の公式を証明しておこう。いつものように，関数 $f(x)$ の不定積分のひとつを $F(x)$ と書くことにする。ここでは，積分定数はすべて省略しよう。まず，
>
> $$\int f(x)\,dx = F(x) = F(x(u))$$
>
> は定義より明らか。$F(x(u))$ を u で微分してから u で再び積分すれば，積分定数の不定性を除いて，もとの $F(x)$ に戻るので，この式の右辺は
>
> $$F(x(u)) = \int \left\{ \frac{d}{du}F(x(u)) \right\} du$$
>
> と表せる。この右辺の積分記号の中で合成関数の微分公式を用いれば，
>
> $$\int \left\{ \frac{d}{du}F(x(u)) \right\} du = \int \left\{ \frac{d}{dx}F(x) \right\} \frac{dx}{du} du$$
> $$= \int f(x)\frac{dx}{du}du$$
>
> のように変形できる。つまり，
>
> $$\int f(x)\,dx = F(x(u)) = \int f(x(u))\frac{dx}{du}du$$
>
> となり，置換積分の公式が得られる。

まとめ

●項別積分の公式

$$\int \{f(x)+g(x)\}\,dx = \int f(x)\,dx + \int g(x)\,dx$$

●置換積分の公式

$$\int f(x)\,dx = \int f(x(u))\frac{dx}{du}\,du$$

4-3 いろいろな技法

● 部分積分

👨‍🦳 次は**部分積分の公式**について考えよう。

👨 それもよく聞く公式ですね。

👨‍🦳 今度は2つの関数$f(x)$と$g(x)$が必要なんだ。

👨 そういえば，そんな感じでしたね。

👨‍🦳 $f(x)$と$g(x)$の導関数をいつものように，$f'(x)$，$g'(x)$と書くことにしよう。それと，書かなくてもわかる場合は(x)を省略して，fとかf'だけで書こう。

👨 積分なのに，微分が出てくるんですか？

👨‍🦳 そこがこの公式のおもしろいところで，書き下してみると，

$$\int f'g\,dx = fg - \int fg'\,dx$$

のようになる。

👨 なんだか全然意味がわかりませんけど。

👨‍🦳 確かに一見すると不思議だね。左辺の積分が右辺のようになるっていうのがこの公式の意味だけど。

👨 でも，右辺にはまだ積分が残ってます。

👨‍🦳 そうなんだ。でも，左辺の不定積分が簡単には求まらなくても，右辺の不定積分は簡単に求まるという可能性はあるよね。

🧑 そんな都合のいい話ってあるんですか？

👨‍🏫 やはり実例で見てみよう。典型的な例だけど，

$$\int \ln x \, dx$$

の不定積分を求めてみよう。

🧑 対数関数ですか。

👨‍🏫 そうだね。実は対数関数の不定積分は，この部分積分の公式を使わないとできないんだ。

🧑 そうなんですか。

👨‍🏫 じゃあ，公式を使ってみよう。

🧑 でも，関数は $\ln x$ しかありません。どうやって使えばいいんですか？

👨‍🏫 $\ln x = 1 \times \ln x$ と考えて，公式の左辺に当てはめよう。$f'(x) = 1$，$g(x) = \ln x$ とおけばいいね。

🧑 1ですか？

👨‍🏫 前にも言ったけど，「定数関数」も立派な関数だよ。

🧑 そうでした。

👨‍🏫 それで，このようにおけば，$f(x)$ は1の原始関数，$g'(x)$ は $\ln x$ の導関数だから，それぞれ

$$f'(x) = 1 \Rightarrow f(x) = x$$
$$g(x) = \ln x \Rightarrow g'(x) = \frac{1}{x}$$

と計算できる。

🧑 それを公式に代入すればいいんですか？

👨‍🏫 そうだね。まず，公式にそのまま当てはめれば，

4-3 いろいろな技法

$$\int 1\cdot \ln x\,dx = x\ln x - \int x\frac{1}{x}dx$$

となるよね。

そうですね。

ここで，右辺の第2項は，まだこれから不定積分しなければならないものだけど，

$$\int x\frac{1}{x}dx = \int 1\,dx = x+C$$

のように，それは簡単に実行できてしまうんだ。

ということは？

結局，最初の不定積分は

$$\int \ln x\,dx = x\ln x - \int x\frac{1}{x}dx = x\ln x - x + C$$

のように求まるんだ。

不思議ですね。他にはどんな場合に使えるんですか？

いろいろあるけど，次のようなものがおもしろいかな。

どんなものですか？

指数関数と sin，cos の積の不定積分を，それぞれ

$$I_1 = \int e^x \sin x\,dx$$

$$I_2 = \int e^x \cos x\,dx$$

のようにおくと，これらが一度に求まってしまうんだ。

どうすればいいんですか？

$f'(x)=e^x$ とおけば，これは簡単に積分できて $f(x)=e^x$ となるよね。

そうですね。

$g(x)$ の方は，それぞれ $g_1(x)=\sin x$ と $g_2(x)=\cos x$ とおけば，

$$g_1(x)=\sin x \Rightarrow g_1'(x)=\cos x$$
$$g_2(x)=\cos x \Rightarrow g_2'(x)=-\sin x$$

となるね。

🧑 これをどうするんですか？

👨 それぞれ，部分積分の公式に当てはめて，

$$I_1=\int f'g_1 dx = fg_1 - \int fg_1' dx$$
$$I_2=\int f'g_2 dx = fg_2 - \int fg_2' dx$$

とすれば，

$$I_1=\int e^x \sin x\, dx = e^x \sin x - \int e^x \cos x\, dx = e^x \sin x - I_2$$
$$I_2=\int e^x \cos x\, dx = e^x \cos x + \int e^x \sin x\, dx = e^x \cos x + I_1$$

がわかるんだ。

🧑 何ですか，これ？

👨 これは，I_1とI_2に対する連立方程式，

$$\begin{cases} I_1+I_2=e^x\sin x \\ I_1-I_2=-e^x\cos x \end{cases}$$

になることがわかる。

🧑 連立方程式ですか。

👨 そう。2つの式を足し合わせれば，I_2が消去されて

$$I_1=\int e^x\sin x\, dx = \frac{1}{2}e^x(\sin x - \cos x) + C_1$$

一方，上の式から下の式を引けば，今度はI_1が消去されて

$$I_2=\int e^x\cos x\, dx = \frac{1}{2}e^x(\sin x + \cos x) + C_2$$

がそれぞれ求まるんだ。C_1とC_2は積分定数だよ。

🧑 おもしろいですね。

👨 そうだろう。じゃあ，部分積分の公式を証明しておこう。2つの関

数 $f(x)$ と $g(x)$ の積の微分公式っていうのがあったけど，覚えてる？

😀 えーと，確か

$$(fg)' = f'g + fg'$$

でした。

🧑‍🦳 そうだね。この式を $f'g$ について解けば，

$$f'g = (fg)' - fg'$$

となるよね。

😀 そうですね。

🧑‍🦳 それで，この式の両辺を x で積分すれば，

$$\int f'g\, dx = \int (fg)'\, dx - \int fg'\, dx$$

となるけど，右辺の第1項は関数 fg の導関数の不定積分だから，これは fg そのものだね。

😀 そうなんですか？

🧑‍🦳 だから，「微分と不定積分は互いに逆の操作」だっただろう？ 微分したものを積分すれば，もとに戻るんだ。

😀 確かにそうですね。

🧑‍🦳 結局，部分積分の公式

$$\int f'g\, dx = fg - \int fg'\, dx$$

が得られた。

● 部分分数分解

🧑‍🦳 次は，有理関数の不定積分を考えよう。

😀 有理関数って，何でしたっけ？

😀 以前，いろいろな関数（第2章）のところで出てきたけど，

$$\frac{多項式}{多項式}$$

のような形の関数だね。例えば，

$$\frac{1}{x^2-1},\quad \frac{x-1}{x^2-5x+6},\quad \frac{2x^2-x+1}{(x-1)(x^2+1)}$$

のようなものたちだね。どれも分子の次数は分母の次数よりも小さいことに注意しよう*。これらを部分分数分解の方法を使って，今まで出てきたような不定積分できる形に変形するんだ。

😐 よくわかりませんけど。

😀 また具体例で説明しよう。

😐 お願いします。

😀 今挙げた例の最初の関数は，

$$\frac{1}{x^2-1}=\frac{1}{2}\left(\frac{1}{x-1}-\frac{1}{x+1}\right)$$

のように変形することができる。

😐 そうなんですか？

😀 右辺を通分してみれば，左辺になることがすぐに確かめられるよ。

😐 でも，こう変形することにどんな意味があるんですか。

😀 右辺は，以前示したように項別に積分ができるけど，各項は，

$$\frac{1}{x-a}$$

のような形をしているよね。

---

*分子の次数が分母の次数より大きい場合は，「整式の割り算」を行って，分子の次数を分母の次数より小さくする。例えば，

$$\frac{x^2+4x+4}{x+1}=x+3+\frac{1}{x+1}$$

のように変形すれば，$x+3$の部分は簡単に積分できてしまう。残りの部分，つまり分母の次数の方が大きい部分は，これから述べる方法によって積分することができる。

🧑 えーと，第1項目は $a=1$ で，2項目は $a=-1$ ですか？

👨‍🏫 そう。そしてこのような関数は，$u=x-a$ と置換することによって，

$$\int \frac{dx}{x-a} = \int \frac{1}{u}\frac{dx}{du}du = \int \frac{1}{u}du = \ln|u| + C = \ln|x-a| + C$$

のように不定積分が求まってしまうんだ。

🧑 置換積分ですね。$\frac{dx}{du}=1$ だから，そうですね。で，結局どうなるんですか？

👨‍🏫 各項ごとに不定積分して，

$$\int \frac{dx}{x^2-1} = \frac{1}{2}\left(\int \frac{dx}{x-1} - \int \frac{dx}{x+1}\right)$$
$$= \frac{1}{2}(\ln|x-1| - \ln|x+1|)$$
$$= \frac{1}{2}\ln\left|\frac{x-1}{x+1}\right|$$

$\ln A - \ln B = \ln\frac{A}{B}$

がわかった。

🧑 でも，さっきのように変形するには，どうすればいいんですか？

👨‍🏫 部分分数分解の手続きは，次のようになる。まず，分母を因数分解するんだ。この場合，$x^2-1=(x-1)(x+1)$ はすぐにわかるよね。

🧑 そうですね。

👨‍🏫 この因数分解を使って，

$$\frac{1}{x^2-1} = \frac{A}{x-1} + \frac{B}{x+1}$$

のように「分解できた」とする。ここで，A と B はこれから決める定数だよ。

🧑 ここからどうするんですか？

👨‍🏫 この両辺に，左辺の分母 $x^2-1=(x-1)(x+1)$ をかけよう。そうすると，

$$1 = A(x+1) + B(x-1) = (A+B)x + (A-B)$$

となる。

🧑 なんだか，わけのわからない式です。

👨 目標は，定数 A と B を決めることなんだ。左辺には変数 x がないけど，右辺にはある。したがって，x がどんな値をとってもこの式が成り立つためには，右辺の x の係数が 0，そして右辺の定数項が 1 であればいい。

🧑 具体的にどういうことですか？

👨 つまり，
$$A+B=0, \quad A-B=1$$
だね。これを A，B についての連立方程式と考えて解くと，$A=\dfrac{1}{2}$ と $B=-\dfrac{1}{2}$ がわかるんだ。

🧑 他の例でも同じようにできるんですか？

👨 次の例では，同様に
$$\frac{x-1}{x^2-5x+6} = \frac{x-1}{(x-3)(x-2)} = \frac{A}{x-3} + \frac{B}{x-2}$$
のように分解して A と B を決めればよい。

🧑 同じですね。

👨 やはり両辺に $x^2-5x+6=(x-3)(x-2)$ をかければ，
$$x-1 = A(x-2)+B(x-3) = (A+B)x-(2A+3B)$$
となるよね。

🧑 なんか少し違いますね。

👨 今度は左辺に x があるけど，考え方は同じだよ。両辺の各次の係数を等しいとおけばいいんだ。

🧑 ということは？

😀 つまり，

$$A+B=1, \quad 2A+3B=1$$

だね。第1式は x の係数，第2式は定数項を比べたものだ。

🙂 この連立方程式を解けばいいんですね。えーと，$A=2, B=-1$ です。

😀 そう。結果は，

$$\frac{x-1}{x^2-5x+6} = \frac{2}{x-3} - \frac{1}{x-2}$$

のようになる。

🙂 これを積分するんですか？

😀 そうだね。やはり項別に積分すればよくて，

$$\int \frac{x-1}{x^2-5x+6} dx = 2\int \frac{dx}{x-3} - \int \frac{dx}{x-2}$$
$$= 2\ln|x-3| - \ln|x-2| + C$$
$$= \ln \frac{(x-3)^2}{|x-2|} + C$$

となる。

🙂 最後の例はずいぶん複雑ですけど，同じようにできるんですか？

😀 考え方は同じだけど，今度は少し注意する必要があるんだ。

🙂 どういうことですか？

😀 与えられた関数は，

$$\frac{2x^2-x+1}{(x-1)(x^2+1)}$$

だね。

🙂 はい。

😀 分母はすでに因数分解できているから，これを部分分数に分解するんだけど，

$$\frac{2x^2-x+1}{(x-1)(x^2+1)} = \frac{A}{x-1} + \frac{B}{x^2+1}$$

🧑 としてはいけないんだ。

🧑 どうしてですか？

👨 今考えているのは，分子の次数が分母の次数よりも小さい関数だったよね。

🧑 そうですね。

👨 右辺の第2項，つまり $\dfrac{B}{x^2+1}$ の分母は2次式，したがって，一般には分子は1次式となるはずだよね。Bとおいたのでは，分子は0次式だから，最後の連立方程式が解けない可能性があるんだ。

🧑 じゃあ，どうすればいいんですか？

👨 分子をきちんと1次式にする。つまり，

$$\frac{2x^2-x+1}{(x-1)(x^2+1)} = \frac{A}{x-1} + \frac{Bx+C}{x^2+1}$$

とおく必要がある。こうすれば連立方程式が解けて，定数A, B, Cが決まるんだ。

🧑 難しそうですね。

👨 少し大変な計算になるけど，やり方は今までどおりだよ。

🧑 そうなんですか？

👨 両辺に $(x-1)(x^2+1)$ をかければ，

$$2x^2-x+1 = A(x^2+1) + (Bx+C)(x-1)$$
$$= (A+B)x^2 + (-B+C)x + (A-C)$$

となる。

🧑 うわ！　大変な式ですね。

👨 ここから両辺の各次の係数を比較すればいいんだ。

🧑 ということは？

🧑‍🦳 左辺のx^2の係数2と，右辺のx^2の係数$A+B$を等しいとおく。以下同様にxの係数と定数項を比較して，

$$\begin{cases} A+B=2 \\ -B+C=-1 \\ A-C=1 \end{cases}$$

のような連立方程式を得る。

🧑 これを解けばいいんですね。

🧑‍🦳 そう。結果だけ書けば，

$$A=1, \ B=1, \ C=0$$

となるから，

$$\frac{2x^2-x+1}{(x-1)(x^2+1)}=\frac{1}{x-1}+\frac{x}{x^2+1}$$

のように分解できる。

🧑 これを積分するんですか？

🧑‍🦳 第1項は簡単だね。積分定数はいらないから，やってごらん。

🧑 えーと，

$$\int \frac{dx}{x-1}=\ln|x-1|$$

でいいですか？

🧑‍🦳 そうそう。問題は第2項の不定積分

$$\int \frac{x}{x^2+1}dx$$

だね。

🧑 とてもできそうにないですけど……

🧑‍🦳 これは置換積分をすればいいんだ。置換積分の公式から

$$\int \frac{x}{x^2+1}dx=\int \frac{1}{x^2+1}x\frac{dx}{du}du$$

となるよね。

🧑ここからどうするんですか？

👨ここで$u=x^2+1$とおいて，この両辺をuで微分してみよう。合成関数の微分を使えば，

$$u=x^2+1 \Rightarrow 1=2x\frac{dx}{du}$$

がわかる。

🧑これをどうするんですか？

👨この最後の式から，

$$x\frac{dx}{du}=\frac{1}{2}$$

がわかるから，

$$\int \frac{1}{x^2+1}\left(x\frac{dx}{du}\right)du = \int \frac{1}{u}\cdot\frac{1}{2}du = \frac{1}{2}\int\frac{du}{u}$$

となって，これは簡単に積分できる。

🧑えーと，

$$\frac{1}{2}\int\frac{du}{u}=\frac{1}{2}\ln|u|$$

でいいですか？

👨まあそうなんだけど，xの関数になおして，

$$\frac{1}{2}\int\frac{du}{u}=\frac{1}{2}\ln|u|=\frac{1}{2}\ln(x^2+1)$$

にしておこう。x^2+1は正の数と決まっているので，絶対値ははずしておいたよ。

🧑ということは，これで完成ですか？

👨そう。以上で，

$$\int \frac{2x^2-x+1}{(x-1)(x^2+1)}dx = \int\frac{1}{x-1}dx + \int\frac{x}{x^2+1}dx$$
$$=\ln|x-1|+\frac{1}{2}\ln(x^2+1)+C$$

第4章 不定積分の計算

4-3 いろいろな技法

$$=\ln|x-1|\sqrt{x^2+1}+C$$

が計算できた。

🧑 いろいろな方法を組み合わせて積分するんですね。

👨 そうだね。とにかく，いろいろな例で練習して，慣れておくことが大事だね。今日はこのくらいにしておこう。

> **コラム** K先生の独り言「有理関数の不定積分」
>
> A君と考えてきた有理関数は，不定積分に対数関数が現れるものばかりだったが，一般に有理関数の不定積分は以下の3種類のものの組み合わせになることが知られている。
>
> ① 対数関数になるもの
> $$\int \frac{dx}{x-a} = \ln|x-a| + C$$
>
> ② 負べき関数になるもの（$n=2, 3, \cdots$）
> $$\int \frac{dx}{(x-a)^n} = -\frac{1}{(n-1)(x-a)^{n-1}} + C$$
>
> ③ arctan関数になるもの（p.153コラム参照）
> $$\int \frac{dx}{1+(x-a)^2} = \arctan(x-a) + C$$
>
> 具体例について考えてみよう。まず，
> $$\frac{2x^2+1}{(x+2)(x-1)^2}$$
> の不定積分をしてみる。いつものように部分分数分解をするが，この場合は
> $$\frac{2x^2+1}{(x+2)(x-1)^2} = \frac{A}{x+2} + \frac{B}{x-1} + \frac{C}{(x-1)^2}$$
> とおく。右辺の第3項は分母が2次式なので，分子を $Cx+D$ としなければならないように思えるが，この場合はこれでよい。なぜなら，

$$\frac{Cx+D}{(x-1)^2} = \frac{C(x-1)+C+D}{(x-1)^2} = \frac{C}{x-1} + \frac{C+D}{(x-1)^2}$$

のように変形すれば，この第1項は$\frac{B}{x-1}$と同じ形なので，

$$\frac{B}{x-1} + \frac{Cx+D}{(x-1)^2} = \frac{B+C}{x-1} + \frac{C+D}{(x-1)^2}$$

のようにまとめることができる。B，C，Dはこれから決める定数だから，$B+C$と$C+D$を改めてBとCにおきなおせば，最初に書いた分解になるからである。

本文と同様に連立方程式を立てて解けば，

$$A=1,\ B=1,\ C=1$$

がわかる。したがって，

$$\int \frac{2x^2+1}{(x+2)(x-1)^2} dx = \int \frac{dx}{x+2} + \int \frac{dx}{x-1} + \int \frac{dx}{(x-1)^2}$$
$$= \ln|x+2| + \ln|x-1| - \frac{1}{x-1} + C$$

と不定積分できる。次は，

$$\frac{x(x+1)}{(x-1)(x^2+1)}$$

の不定積分だ。先ほどの最後の例とは，分子の部分が違うだけだけど，これが大きな違いになるよ。いつものように部分分数分解をする。

$$\frac{x(x+1)}{(x-1)(x^2+1)} = \frac{A}{x-1} + \frac{Bx+C}{x^2+1}$$

のようにおいて，定数A，B，Cを求めると，

$$A=1,\ B=0,\ C=1$$

がわかる。したがって，

$$\frac{x(x+1)}{(x-1)(x^2+1)} = \frac{1}{x-1} + \frac{1}{x^2+1}$$

のように分解できるから，

$$\int \frac{x(x+1)}{(x-1)(x^2+1)} dx = \int \frac{dx}{x-1} + \int \frac{dx}{x^2+1}$$
$$= \ln|x-1| + \arctan x + C$$

のように不定積分できる。

まとめ

●部分積分の公式
$$\int f'(x)g(x)dx = f(x)g(x) - \int f(x)g'(x)dx$$

●部分分数分解の方法

有理関数 $\dfrac{f(x)}{g(x)}$ は部分分数に分解して不定積分を計算すると，対数関数，負べき関数，arctan関数の3パターンの組み合わせで表すことができる。

第5章
平均値の定理とその応用

この章で学ぶこと

- いろいろな定理
  - ロルの定理
  - 平均値の定理
  - コーシーの平均値定理
  - ロピタルの定理
- 関数の値の近似
  - 1次の近似
  - 2次の近似
  - テイラー展開

5-1 平均値の定理

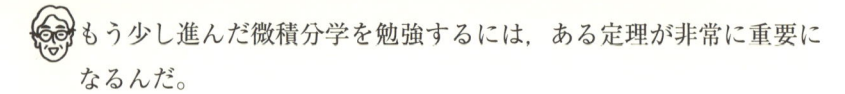

🧓 もう少し進んだ微積分学を勉強するには，ある定理が非常に重要になるんだ。

🧑 どんな定理ですか？

🧓 「平均値の定理」というやつなんだけど。

🧑 なんとなく聞いたことはあるような……

🧓 まあ，高校の教科書にも載ってると思うけど，もう一度復習してみよう。

🧑 お願いします。

ロル(Rolle)の定理

👨‍🦳 実は，その前に「ロルの定理」というのがあるんだ。

🧑 まだあるんですか。

👨‍🦳 でも，平均値の定理はロルの定理の修正版で，内容は本質的に同じだから，まずロルの定理から説明するよ。

🧑 はい。

👨‍🦳 いま，閉区間 $[a, b]$ で定義された連続な関数 $f(x)$ があるとする。それと，

$$f(a) = f(b)$$

も仮定しよう。

🧑 なんか，いきなり難しいですね。「連続」って何ですか？

👨‍🦳 その関数のグラフがちゃんと「つながってる」ってこと。グラフを描いてみればどうってことないことがわかるよ。つまり，こんなふうになってないってことだね。

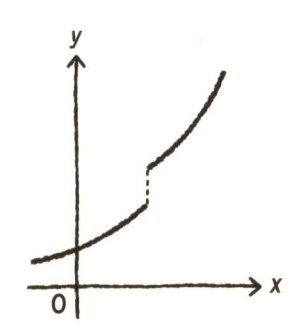

🧑 なんとなくわかるような気も……

👨‍🦳 ついでに「閉区間」ってのは端点 a，b も区間に含まれるってことだよ。閉区間 $[a, b]$ と開区間 (a, b) の違いは以下のように図示できる。

閉区間 [a, b]　a ≦ x ≦ b

開区間 (a, b)　a < x < b

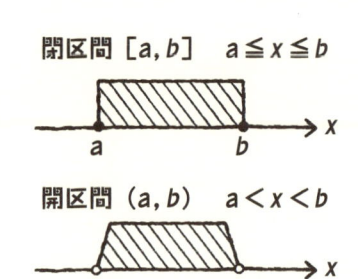

上の区間は端点を含むけど，下の区間は端点は含まない。

🧑 これも見たことのあるような図です。

👨 そうだろう。で，さらに$f(x)$は開区間(a, b)では滑らかだとするんだ。

🧑 滑らか？

👨 そう。例えば，$f(x)=|x|$のような関数は，$x=0$でカクッと折れ曲がってるから滑らかではない。正確に言えば，滑らかとは微分可能っていうことだね。

🧑 はあ。

👨 今言った条件で，適当にグラフを描けば，

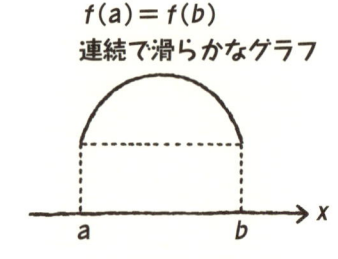

$f(a) = f(b)$
連続で滑らかなグラフ

のようになる。まあ，何の変哲もない関数と思っていいよね。

🧑 で，この関数がどうかしたんですか？

👨 ロルの定理とは，以上の条件を満たす関数$f(x)$に関して，

$$f'(c) = 0$$

となるcがaとbの間に少なくとも1つ存在する，という主張なんだ。

🧑 なんかイメージがわきません。どういうことですか？

👴 これもグラフにすれば簡単で，

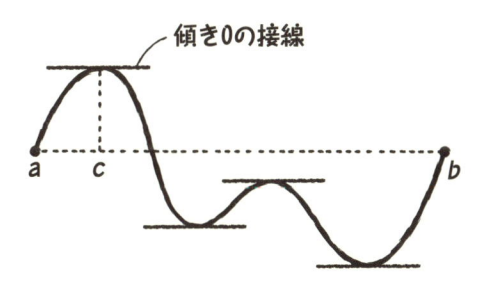

傾き0の接線

のように微分係数が0になる，つまりx軸に平行な接線を持つ点が必ず1つはある，ということだね。

🧑 なるほど，それならわかります。

コラム　K先生の独り言「ロルの定理」

　A君が息切れしそうだからグラフでごまかしたけど，これは「定理」だから，きちんと証明しないとわかったことにしてはならない。実際に証明してみよう。

　考えている区間において，$f(x)$が最大値または最小値をとるとき，$f'(x)=0$となっていることを示そう。最大値でも最小値でも証明の方針は同じなので，$x=c$のとき$f(x)$が最大値をとるとして証明する。最大値ということは，$h>0$を十分に小さい数とすれば，

$$\begin{cases} f(c+h) \leq f(c) \\ f(c-h) \leq f(c) \end{cases}$$

が成り立つということである。これは，「$x=c$のとき$f(x)$の値が最大になるのだから，$x=c$から少しだけずれた$x=c+h$や$x=c-h$では$f(x)$の値は$f(c)$より大きくなることはない」ということからわかる。さて，右辺の項を左辺に移項すると，

$$\begin{cases} f(c+h)-f(c) \leq 0 \\ f(c-h)-f(c) \leq 0 \end{cases}$$

であるが，上の式を $h>0$ で割って，極限をとると，

$$\frac{f(c+h)-f(c)}{h} \leq 0 \Rightarrow \lim_{h \to 0}\frac{f(c+h)-f(c)}{h} \leq 0 \Rightarrow f'(c) \leq 0 \quad \cdots ①$$

がいえる。一方，下の式を負の数 $-h<0$ で割ると，不等号の向きが変わるから，

$$\frac{f(c-h)-f(c)}{-h} \geq 0 \Rightarrow \lim_{h \to 0}\frac{f(c-h)-f(c)}{-h} \geq 0$$

となる。ここで $-h$ を改めて k と書きなおせば，左辺はやはり微分係数の定義式となり，

$$\lim_{k \to 0}\frac{f(c+k)-f(c)}{k} \geq 0 \Rightarrow f'(c) \geq 0 \quad \cdots ②$$

がいえる。①と②が両立するには $f'(c)=0$ でなければならない。

以上で最大値のとき微分係数が0になることが証明できた。

平均値の定理

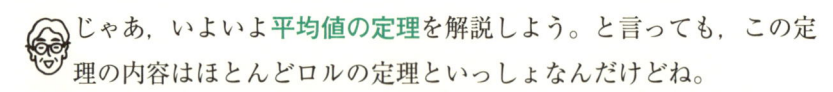

じゃあ，いよいよ平均値の定理を解説しよう。と言っても，この定理の内容はほとんどロルの定理といっしょなんだけどね。

どこが違うんですか？

まずは，関数 $f(x)$ に対する条件を確認しよう。ロルの定理を満たす関数に対する条件は，

閉区間 $[a, b]$ で連続

開区間 (a, b) で微分可能

だったね。

そうでした。

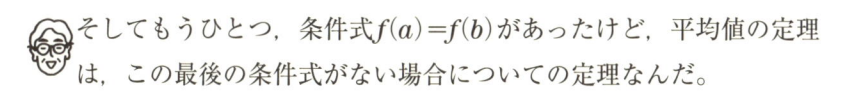

🧑‍🦳 そしてもうひとつ，条件式 $f(a)=f(b)$ があったけど，平均値の定理は，この最後の条件式がない場合についての定理なんだ。

🧑 その条件式がないと，何か違うんですか？

🧑‍🦳 $f(a) \neq f(b)$ でもいいってことだから，「全体として傾いている」次のような関数も考慮されるっていうことだね。

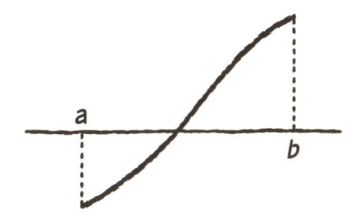

見てわかるように，この関数には $f'(c)=0$ となるような c はどこにもない。

🧑 じゃあ，この平均値の定理って何を言ってるんですか？

🧑‍🦳 いきなりこの定理の主張を述べてしまおう。上の条件を満たす関数 $f(x)$ に対して，

$$f'(c) = \frac{f(b)-f(a)}{b-a}$$

となる c が a と b の間に少なくとも1つ存在する，というのがこの定理の主張することだ。

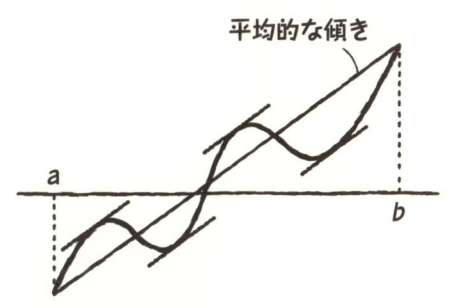

🧑 なんだかよくわかりません。

🧑‍🦳 またグラフで説明しよう。

平均的な傾き

このように，aとbの間に必ず1つは「aとbの間の平均的な傾きを持つ点がある」と言っているんだ。このグラフの場合は4つもあるけどね。

👦「平均的な傾き」って，どういうことですか？

👨それはもちろん，aからbまでの間で$f(x)$がどれだけ変化したかの割合，つまりaとbを結ぶ直線の傾きのことだから，上に書いたように

$$平均的な傾き = \frac{f(b)-f(a)}{b-a}$$

だよね。

👦そういうことですか。

👨この平均値の定理は，少し進んだ微積分の話をするときに決定的に大切なんだ。まあ，それはそれとして，この定理を実際に使ってみよう。

👦どう使うんですか？

👨例えば，$f(x)=x^3-x$のような関数を考えよう。グラフはこんな形だね。

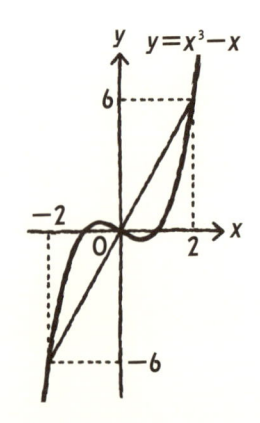

👦教科書によく載っているようなグラフですね。

それで，この関数の区間 $[-2, 2]$ で平均値の定理を考えることにする．まず，この区間の平均的な傾きはいくらになるかな？

えーと，横幅は $2-(-2)=4$ ですか？

そう．次は関数値の変化，$f(2)-f(-2)$ が必要だね．

$f(2)=2^3-2=8-2=6$ ですね．$f(-2)$ は，$f(-2)=(-2)^3-(-2)=-8+2=-6$ だから，$f(2)-f(-2)=6-(-6)=12$ でいいですか？

そうだね．結局，平均的な傾きを k とすると，

$$k=\frac{f(2)-f(-2)}{2-(-2)}=\frac{12}{4}=3$$

だね．

で，この値がどうなるんですか？

平均値の定理が言ってるのは，-2 と 2 の間に微分係数 $f'(c)=k(=3)$ となる点が，少なくとも1つはある，ということだから，そのような点 c が実際あることを見てみよう．

どうすればいいんですか？

要するに微分係数を求めればいいんだから，まずは導関数を計算しよう．

$f(x)=x^3-x$ だから，導関数は，

$$f'(x)=3x^2-1$$

でいいですよね？

そうだね．これが3になるような x の値は

$$3x^2-1=3$$

の解だから，それを求めてみよう．

えーと，

$$3x^2=3+1=4 \Rightarrow x^2=\frac{4}{3} \Rightarrow x=\pm\frac{2}{\sqrt{3}}$$

です。

計算力がついてきたようだね。

$$\frac{2}{\sqrt{3}} ≒ \frac{2}{1.7} ≒ 1.18 < 2$$

だから，$k=3$ となるような場所は，確かに -2 と 2 の間にあることがわかった。この場合は $\pm\frac{2}{\sqrt{3}}$ の2箇所あるよね。

平均値の定理って，こういうことだったんですね。

> ## コラム　K先生の独り言「平均値の定理」
>
> 　平均値の定理は，ロルの定理を用いれば簡単に証明できるから，やってしまおう。関数 $f(x)$ は条件
>
> 　　　　　閉区間 $[a, b]$ で連続
> 　　　　　開区間 (a, b) で微分可能　　　　…(☆)
>
> を満たしているとする。また，点 $(a, f(a))$ を通り，傾きがこの関数の a と b の間の平均的な傾き
>
> $$k = \frac{f(b)-f(a)}{b-a}$$
>
> に等しい直線（つまり，2点 $(a, f(a))$，$(b, f(b))$ を通る直線）は
>
> $$y - f(a) = k(x-a) \Leftrightarrow y = k(x-a) + f(a)$$
>
> と与えられる。$f(x)$ からこの直線の式を引いた関数を，改めて
>
> $$g(x) = f(x) - k(x-a) - f(a)$$
>
> と定義すれば，直線が条件(☆)を満たしているのは明らかなので，$g(x)$ もまた条件(☆)を満たす。さらに，
>
> $$g(a) = f(a) - k(a-a) - f(a) = 0$$
>
> であり，
>
> $$g(b) = f(b) - k(b-a) - f(a) = f(b) - (f(b)-f(a)) - f(a) = 0$$
>
> だから，$g(a) = g(b)$ が成り立つ。つまり，$g(x)$ はロルの定理の条件をすべて満たしている。したがって，$g'(c) = 0$ となる c が a と b の間

に少なくとも1つはあることがわかる。$g(x)$を微分すれば,
$$g'(x)=f'(x)-\{k(x-a)\}'=f'(x)-k$$
だから, $x=c$ では
$$g'(c)=f'(c)-k=0 \Leftrightarrow f'(c)=k$$
となり, $x=c$ において微分係数$f'(c)$は平均的な傾きkに等しいことが示せた。

まとめ

●ロルの定理

閉区間$[a, b]$で連続, 開区間(a, b)で微分可能な関数$f(x)$について, $f(a)=f(b)$のとき, $y=f(x)$のグラフの接線の傾きが0となる点が区間内に少なくとも1つ存在する。

●平均値の定理

閉区間$[a, b]$で連続, 開区間(a, b)で微分可能な関数$f(x)$について, $y=f(x)$のグラフの接線の傾きが区間内の平均的な傾きに等しくなる点が区間内に少なくとも1つ存在する。

5-2 不定形の極限値

● 不定形

👨‍🦳 平均値の定理には，いろいろな利用価値があるんだ。

🧑 例えばどんなことですか？

👨‍🦳 次のような極限値を考えよう。

$$\lim_{x \to 0} \frac{1-\cos x}{x}$$

この値はどんなものになるだろう？

🧑 えーと，$\cos x$ って，$x=0$ のとき 1 ですよね？

👨‍🦳 そうだね。

🧑 だとしたら，分子の $1-\cos x$ は $1-1$ で 0 になりますよね。

👨‍🦳 分母が $x=0$ で 0 になるのは明らかだね。

🧑 ということは，$\frac{0}{0}$？ これがその値なんですか？

👨‍🦳 $\frac{0}{0}$ は分母が 0 だから，普通の数じゃないよね。こういうのは「値が不定」というんだ。

🧑 不定ですか？

👨‍🦳 そう。値がきちんと定まらないんだね。だから，このような極限値を **不定形の極限値** というんだ。

🧑 じゃあ，値は求まらないんですね。

👨‍🦳 ところがそうでもなくて，例えば，以前求めたように(2−3節)，

$$\lim_{x \to 0} \frac{\sin x}{x} = 1$$

だった。これも，$x=0$ をいきなり代入すれば $\frac{0}{0}$ の不定形だよね。

🧑 本当だ。どういうことなんですか？

👨 つまり，ある関数の $x=a$ での値は不定だけど，$x \to a$ の極限値ならば値がきちんと確定する場合があるんだ。

🧑 そうなんだ。不思議ですね。

👨 こういった不定形の極限値を求めるには便利な定理がある。それは**ロピタルの定理**というんだ。

🧑 どんな定理なんですか？

👨 2つの関数 $f(x)$ と $g(x)$ があって，$\lim_{x \to a} f(x) = 0$，$\lim_{x \to a} g(x) = 0$ だとしよう。このとき，もし極限値

$$\lim_{x \to a} \frac{f'(x)}{g'(x)} = A$$

が求まるならば，

$$\lim_{x \to a} \frac{f(x)}{g(x)} = \lim_{x \to a} \frac{f'(x)}{g'(x)} = A$$

となるというのがこの定理の内容だ。

🧑 どういうことですか？

👨 つまり，$\lim_{x \to a} \frac{f(x)}{g(x)}$ が不定形だったとしても，分母と分子の導関数をそれぞれ求めて，極限 $\lim_{x \to a} \frac{f'(x)}{g'(x)}$ の値が決まりさえすれば，その不定形の極限値は求められる，ということだね。

🧑 そうなんですか。

👨 例えば，さっきの例では，分子が $f(x) = 1 - \cos x$，分母が $g(x) = x$ だから，それぞれ微分すれば

$$f'(x) = (1 - \cos x)' = \sin x, \quad g'(x) = (x)' = 1$$

となるから，ロピタルの定理にしたがって，

$$\lim_{x \to 0} \frac{1-\cos x}{x} = \lim_{x \to 0} \frac{(1-\cos x)'}{(x)'} = \lim_{x \to 0} \frac{\sin x}{1} = \frac{0}{1} = 0$$

となって，極限値は0だね。

🧑 値が求まっちゃうんですね。

👨 不定形の極限値には，今のような $\frac{0}{0}$ の他にも，

$$\lim_{x \to 0} \left(\frac{1}{x} - \frac{1}{\sin x} \right) = \infty - \infty$$

のようなものもある。

🧑 これも値を計算できるんですか？

👨 やはりロピタルの定理を使えばいいんだ。通分すれば，

$$\lim_{x \to 0} \left(\frac{1}{x} - \frac{1}{\sin x} \right) = \lim_{x \to 0} \frac{\sin x - x}{x \sin x}$$

だから，これもやはり $\frac{0}{0}$ の不定形だね。

🧑 そうですね。

👨 ここでロピタルの定理を使えば，

$$\lim_{x \to 0} \frac{\sin x - x}{x \sin x} = \lim_{x \to 0} \frac{(\sin x - x)'}{(x \sin x)'}$$
$$= \lim_{x \to 0} \frac{\cos x - 1}{\sin x + x \cos x}$$

◀ 分母は積の微分公式

となる。

🧑 あれ，でもこれはまだ $\frac{0}{0}$ ですよ。

👨 そうだけど，もう一度ロピタルの定理を適用するんだ。

$$\lim_{x \to 0} \frac{\cos x - 1}{\sin x + x \cos x} = \lim_{x \to 0} \frac{(\cos x - 1)'}{(\sin x + x \cos x)'}$$
$$= \lim_{x \to 0} \frac{-\sin x}{2 \cos x - x \sin x}$$
$$= \frac{0}{2} = 0$$

となって，極限値は0であることがわかった。

> ロピタルの定理は何度も繰り返して使えるんですね。

コーシー（Cauchy）の平均値定理

> ところでロピタルの定理って，平均値の定理と関係あるんですか？

> それを説明したかったんだ。実は平均値の定理には，**コーシーの平均値定理**という親戚がいて，ロピタルの定理はそのコーシーの平均値定理からすぐに導かれるんだ。

> なんか難しそうですけど，コーシーの平均値定理ってどんなものですか？

> ここまでにロルの定理から平均値の定理を解説してきたけど，これらは

$$閉区間 [a, b] で連続$$
$$開区間 (a, b) で微分可能$$

を満たすひとつの関数 $f(x)$ に対するものだった。

> そうでした。

> ここでは，もうひとつの関数 $g(x)$ を用意して，これも上の条件を満たすものとしよう。

> 2つ関数があるんですね。

> そう。それで，$g(x)$ には区間 $[a, b]$ で $g'(x) \neq 0$ という条件もついているとする。

> 微分しても0にならないってことですか？

> そういう関数はたくさんあるよね。例えば，$g(x) = x$ とすると，$g'(x) = 1 \neq 0$ だから。

> そうですね。

🧑‍🦳 それで、これらの条件の下で

$$\frac{f(b)-f(a)}{g(b)-g(a)} = \frac{f'(c)}{g'(c)}$$

となる c が a と b の間に必ず存在する、というのがコーシーの平均値定理だ。

🧑 なんだか複雑ですね。

🧑‍🦳 でも、今言ったように $g(x)=x$ とおけば、$g'(x)=1$ だから $g'(c)=1$ となって平均値の定理そのものだよね。つまり、コーシーの平均値定理の特別な場合が、平均値の定理なんだ。そういう意味で、これらは親戚みたいなものなんだ。

🧑 はあ。

コラム　K先生の独り言「コーシーの平均値定理」

コーシーの平均値定理を示してみよう。

まず、$f(x)$ と $g(x)$ は区間 $[a, b]$ で平均値の定理の条件をすべて満たすとする。また、$g(x)$ はこの区間で $g'(x) \neq 0$ だとしよう。このとき、

$$k = \frac{f(b)-f(a)}{g(b)-g(a)}$$

とおいて、関数 $F(x)$ を

$$F(x) = f(x) - f(a) - k\{g(x) - g(a)\}$$

と定義すれば、$F(a)=0$、および、$F(b)=0$ がすぐにわかるので、$F(a)=F(b)$ である。したがって、$F(x)$ はロルの定理の条件をすべて満たすから、$F'(c)=0$ となる $c(a<c<b)$ が存在する。このとき、$F'(x)=f'(x)-kg'(x)$ であるから、

$$F'(c)=0 \Leftrightarrow f'(c)-kg'(c)=0 \Leftrightarrow k = \frac{f'(c)}{g'(c)} = \frac{f(b)-f(a)}{g(b)-g(a)}$$

となり、確かにコーシーの平均値定理が成り立つ。

ロピタル(de l'Hôpital)の定理

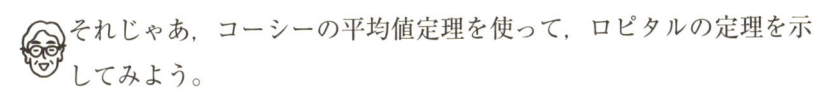

😀 それじゃあ，コーシーの平均値定理を使って，ロピタルの定理を示してみよう。

🙂 どうすればいいんですか？

😀 まずは，関数 $f(x)$ と $g(x)$ を用意しよう。これらはコーシーの平均値定理の条件を満たすものとするよ。

🙂 はい。

😀 それで，これらはともに $\lim_{x \to a} f(x) = 0$，$\lim_{x \to a} g(x) = 0$ であるとする。したがって，これらが閉区間 $[a, b]$ で連続ということから，$f(a) = g(a) = 0$ がいえる。

🙂 なんだか大変そうですけど。

😀 結論はすぐだよ。a と b の間に x をとって，閉区間 $[a, x]$ におけるコーシーの平均値定理を考えれば，

$$\frac{f(x)-f(a)}{g(x)-g(a)} = \frac{f'(c)}{g'(c)}$$

となる c が a と x の間に必ずあることがわかる。

🙂 c は a と x の間なんですか？

😀 そうだね。数直線を描けば，位置関係はすぐにわかるよ。

```
　　　├──┼──┼──┼──▶ x
　　　a　c　x　b
```

🙂 確かにそうですね。

😀 それで，$f(a) = g(a) = 0$ だったから，今の式は

$$\frac{f(x)}{g(x)} = \frac{f'(c)}{g'(c)}$$

となるよね。

5-2 不定形の極限値

🧑 なんとなく近づいてきましたね。

👨 ここで，$x \to a$ とすれば，同時に $c \to a$ となるから

$$\lim_{x \to a} \frac{f(x)}{g(x)} = \lim_{c \to a} \frac{f'(c)}{g'(c)}$$

となって，これはロピタルの定理そのものだ。

🧑 c が残ってますけど，いいんですか？

👨 c は極限をとってしまう量だから，どんな文字を使ってもいい。ここでは x を使うことにすれば，

$$\lim_{x \to a} \frac{f(x)}{g(x)} = \lim_{x \to a} \frac{f'(x)}{g'(x)}$$

が導ける。

> **まとめ**
>
> ●ロピタルの定理
>
> $\lim_{x \to a} f(x) = 0$, $\lim_{x \to a} g(x) = 0$ のとき，$\lim_{x \to a} \dfrac{f'(x)}{g'(x)}$ の値が定まるならば，
>
> $$\lim_{x \to a} \frac{f(x)}{g(x)} = \lim_{x \to a} \frac{f'(x)}{g'(x)}$$
>
> である。

5-3 関数の値を近似する —テイラーの定理

● 接線で近似する

👨‍🦳 それじゃあ，次は関数の**近似値**を求める話をしよう。

👨 近似値？　何ですか，それ。

👨‍🦳 あとで詳しく話すよ。

👨 それが「平均値の定理」と関係あるんですか？

👨‍🦳 大いにあるんだな。今，ある関数$f(x)$があって，その$x=a$での値$f(a)$と微分係数$f'(a)$がわかっているとしよう。このとき，aから少し離れた場所xでの$f(x)$のだいたいの値を求めるにはどうすればいいだろう？

👨 どういうことですか？　見当がつきませんけど。

👨‍🦳 グラフを描けば，わりと簡単にわかることだと思う。

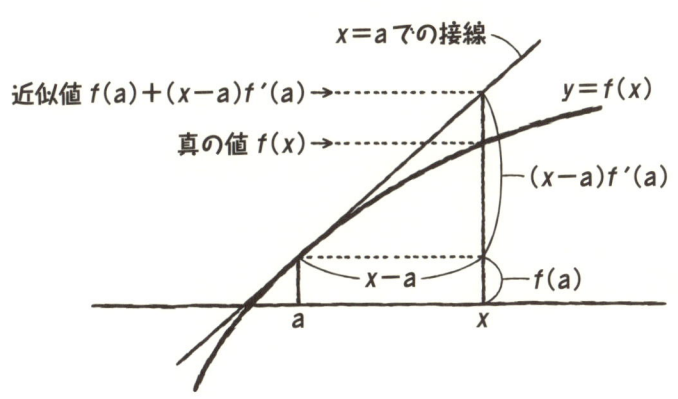

という感じだから，

$$f(x) \simeq f(a) + (x-a)f'(a)$$

のような近似式が得られるよね。

😐 その「≃」は何ですか？

🧑‍🦳 だから，グラフからわかるように，右辺はあくまでも近似値で，$f(x)$ の真の値とは違うってことだね。

😐 グラフはなんとなくわかりますけど，「近似値」っていうのがよくわかりません。

🧑‍🦳 それじゃあ，具体的に $f(x)$ として $\sqrt{1+x}$ を考えてみよう。実はこのグラフは，だいたいこの関数を描いたつもりなんだけど。

😐 それで，どうするんですか？

🧑‍🦳 $a=0$ とすると，今の式は

$$f(x) \simeq f(0) + xf'(0)$$

となるよね。

😐 えーと，$a=0$ だから……そうですね。

🧑‍🦳 この近似式を $f(x)=\sqrt{1+x}$ に適用してみる。$f(0)=1$ となるのはいいよね？

😐 そうですね。

🧑‍🦳 次に，

$$f'(x) = \{(1+x)^{\frac{1}{2}}\}' = \frac{1}{2\sqrt{1+x}}$$

だから，$f'(0)=\dfrac{1}{2}$ となるのもわかる。

😐 これをどうするんですか？

🧑‍🦳 近似式にこれらを代入すれば，

$$\sqrt{1+x} \simeq 1 + \frac{1}{2}x$$

となる。例えば，$x=0.1$ とおけば，この式はだいたい

$$\sqrt{1.1} \simeq 1 + \frac{1}{2} \times 0.1 = 1.05$$

を意味する。

🧑「だいたい」ってどういうことですか？

👨‍🦳 だから，そのままの意味だよ。実際に計算してみると，

$$1.05 \times 1.05 = 1.1025$$

となって，だいたい正しく $\sqrt{1.1}$ を再現しているよ。

🧑 本当だ。

👨‍🦳「近似値」と言った意味はこういうことなんだ。

🧑 わかりましたけど，じゃあ平均値の定理との関係は？

👨‍🦳 平均値の定理が言ってたことは，

$$\frac{f(b)-f(a)}{b-a} = f'(c)$$

となる c が a と b の間に少なくとも1つ存在する，だったけど，この式を $f(b)$ について解くとどうなるだろう。

🧑 えーと……

👨‍🦳 簡単な式変形だよ。

$$\frac{f(b)-f(a)}{b-a} = f'(c) \Leftrightarrow f(b)-f(a) = (b-a)f'(c)$$
$$\Leftrightarrow f(b) = f(a) + (b-a)f'(c)$$

となるよね。

🧑 そうですね。

👨‍🦳 この最後の式とさっきの近似式を並べてみると，

$$f(b) = f(a) + (b-a)f'(c)$$
$$f(x) \simeq f(a) + (x-a)f'(a)$$

となっている。

5-3 関数の値を近似する―テイラーの定理

👦 よく似てますね。

👨 これらの違いは何かというと，上の式は本当に「等式」だということだね。グラフを描けば次のようになる。

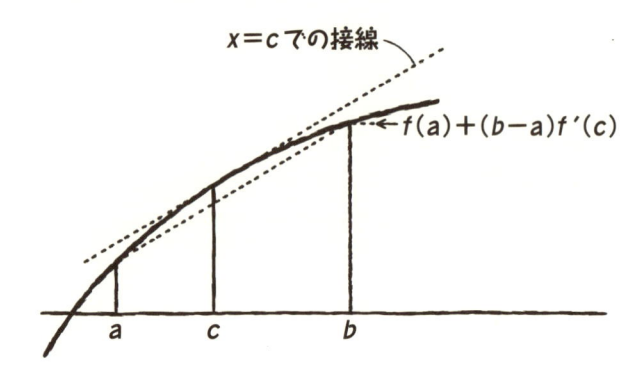

$x=c$ での接線

$f(a)+(b-a)f'(c)$

a　c　b

👦 平行な2本の破線は何ですか？

👨 上の方は c での接線，下の方は平均的な傾きをもつ直線で，これらの傾きが等しいというのが平均値の定理だ。近似式の方は b を x と書き換え，さらに，c を a とすれば得られるね。

👦 どういうことですか？

👨 つまり，$b(=x)$ というのは a に非常に近い点を考えているんだけど，ということは c も a に非常に近いはずだよね。

👦 そうですね。

👨 だから，c における微分係数の代わりに a での微分係数を使っても，それほど大きくは違わない。これが近似式 $f(x) \simeq f(a)+(x-a)f'(a)$ の意味だったんだね。

● 近似精度を高める

👨 ところで，近似式 $f(x) \simeq f(a)+(x-a)f'(a)$ の右辺は x についての1次関数だよね。

🧑 1次関数って，以前出てきた直線のことですか？

👨 そう。実際，さっきのグラフを見てわかるように右辺は a における接線になっている。

🧑 そうでした。

👨 一方，左辺の $f(x)$ は，まあ任意の関数と考えていいよね。

🧑 そうですね。

👨 ということは，この近似式は，ある関数 $f(x)$ を $x=a$ の近くで1次関数によって近似的に表した式，と考えることができる。

🧑 ……。

👨 そこで，$f(x)$ の近似式をもう一段階精密にすることを考えてみよう。

🧑 精密ですか？

👨 そう。近似の精度を高めることを考えるんだ。

🧑 どうするんですか？

👨 今までの右辺は1次関数だったから，次は同様に $f(x)$ を a の近くで2次関数によって近似することにしよう。

🧑 今度は曲線ですね。

👨 そうだね。つまり，

$$f(x) \simeq f(a) + f'(a)(x-a) + k(x-a)^2 \quad \cdots ①$$

のような形の近似式を求めてみるんだ。

🧑 k って何ですか？

👨 それがこれから求める定数だ。

🧑 どうすれば求まるんですか？

🧑‍🏫 まずは平均値の定理を用いて，$f(a)$と$f(b)$の関係式

$$f(b)=f(a)+f'(a)(b-a)+K(b-a)^2 \quad \cdots ②$$

を求めよう。Kもやはり定数だよ。

🧑 また平均値の定理ですか。

🧑‍🏫 そう。実際は，平均値の定理の土台であるロルの定理を使う方が見通しがいいんだけどね。

🧑 ロルの定理ですか。そういえばありましたね。確か，$f'(c)=0$となる点があるっていう……

🧑‍🏫 そう！ よく覚えてたね。それで天下りだけど，ここで次のような関数$g(x)$を考えよう。

$$g(x)=f(x)+(b-x)f'(x)+K(b-x)^2-f(b) \quad \cdots ③$$

ただし，$f(x)$は区間$[a, b]$で必要な回数だけ微分できるものとするよ。

🧑 唐突過ぎませんか。こんな関数，どうすれば思いつくんですか？

🧑‍🏫 まあ，そう思うのも無理はないけど，こういうものは先人の知恵と思って拝借しよう。数学には長い歴史があるから，徐々に洗練されて今のような形になってきているんだ。せっかくの財産を利用しない理由はないよね。

🧑 要するに，こうするとうまくいくということですか？ まあいいです。で，これがどうしたんですか？

🧑‍🏫 まず，③式に$x=a$を代入して，②式を用いると

$$g(a) = f(a) + (b-a)f'(a) + K(b-a)^2 - f(b)$$
$$= f(a) + (b-a)f'(a) + K(b-a)^2$$
$$\quad - \{f(a) + (b-a)f'(a) + K(b-a)^2\}$$
$$= 0$$

がわかる。

👦 そうですね。

👨 一方，$g(b)=0$ は明らかだね。

👦 これはすぐにわかりますね。

👨 ということは，$g(a)=g(b)$ だから，$g(x)$ は区間 $[a, b]$ でロルの定理の条件を満たしている。したがって，

$$g'(c) = 0$$

となる c が a と b の間に必ずあるんだ。

👦 ということは？

👨 まず，$g(x)$ の導関数を求めよう。③式から，

$$g'(x) = \{f(x) + (b-x)f'(x) + K(b-x)^2 - f(b)\}'$$
$$= f'(x) - f'(x) + (b-x)f''(x) - 2K(b-x)$$
$$= (b-x)\{f''(x) - 2K\}$$

となるね。

👦 この $f''(x)$ って何ですか？

👨 これは導関数 $f'(x)$ をもう1回微分した関数，つまり $f(x)$ を2回微分した関数のことで，$f(x)$ の「2階導関数」と呼ぶ*。

👦 それで，何を求めるんでしたっけ？

👨 ②式の右辺にある定数 K が求めたいものだけど，それはさっきの $g'(c)=0$ から決まるんだ。

---

*もとの関数を n 回微分して得られた関数を「n 階導関数」と呼ぶ。

😀 どういうことですか？

🧑‍🦳 つまり，$g'(x)$に$x=c$を代入すると，

$$g'(c)=(b-c)\{f''(c)-2K\}=0$$

で，$b \neq c$だから，

$$f''(c)-2K=0 \Leftrightarrow K=\frac{1}{2}f''(c)$$

となるんだ。

😀 ということは？

🧑‍🦳 今求めたKを代入して，②式を正確に表せば，

$$f(b)=f(a)+f'(a)(b-a)+\frac{1}{2}f''(c)(b-a)^2$$

となる$c(a<c<b)$が少なくとも1つある，ということになるよね。

😀 これが示したかった式ですか？

🧑‍🦳 そうだね。ここから$b=x$と書きなおして，cとaが非常に近いことを使えば，近似式

$$f(x) \simeq f(a)+f'(a)(x-a)+\frac{1}{2}f''(a)(x-a)^2 \quad \cdots ④$$

が得られる。つまり，①式の右辺にあった定数kが，$k=\frac{1}{2}f''(a)$となることがわかったんだ。

😀 これが2次関数による近似式ですか？

🧑‍🦳 そうだね。右辺が2次関数になってるのはわかるだろう？

😀 前の1次関数による近似式と，どのくらい違うんですか？

🧑‍🦳 それじゃあ，以前の例で比べてみよう。$f(x)=\sqrt{1+x}$の1次近似式は，$\sqrt{1+x} \simeq 1+\frac{1}{2}x$だった。同じ関数を④式で近似してみよう。

😀 どうするんですか？

🧑‍🦳 まず，④式で$a=0$とおいて

$$f(x) \simeq f(0) + f'(0)x + \frac{1}{2}f''(0)x^2$$

となるのは以前と同じだよ。あと必要なのは2次の項の係数$f''(0)$だけだね。

🧑 これはどうやって計算するんですか？

👨 ほしいのは2階導関数の値だから，$f'(x) = \dfrac{1}{2\sqrt{1+x}}$をもう1回微分して，

$$\begin{aligned} f''(x) &= \left(\frac{1}{2}\frac{1}{\sqrt{1+x}}\right)' \\ &= \frac{1}{2}\left(-\frac{1}{2}\right)(1+x)^{-\frac{3}{2}} \\ &= -\frac{1}{4}(1+x)^{-\frac{3}{2}} \end{aligned}$$

を得る。ここで，$x=0$を代入すれば，$f''(0) = -\dfrac{1}{4}$だ。

🧑 じゃあ，結局，2次の近似式はどんな形ですか？

👨 きちんと全部書けば，

$$\sqrt{1+x} \simeq 1 + \frac{1}{2}x + \frac{1}{2}\left(-\frac{1}{4}\right)x^2 = 1 + \frac{1}{2}x - \frac{1}{8}x^2 \quad \cdots ⑤$$

となるよね。

🧑 以前の$\sqrt{1.1} \simeq 1.05$とはどのくらい違うんですか？

👨 やはり$x=0.1$とおけば，$x^2=0.01$だから

$$\sqrt{1.1} \simeq 1 + \frac{1}{2} \times 0.1 - \frac{1}{8} \times 0.01 = 1.04875$$

のように計算できるよ。

🧑 ちょっと小さくなりましたね。

👨 実際，関数電卓で計算してみると，$\sqrt{1.1} = 1.0488088\cdots$となるから，1次の近似式と比べて，少し精度がよくなってるよね。

🧑 そうですね。

平均値の定理を用いれば，このように関数の値を近似することができるんだ。

コラム　K先生の独り言「テイラーの定理」

　ここまでの話を読んで，「ある関数の近似式が2次関数で作れるのなら，3次関数や4次関数でも同様に近似式を作れるのではないか」と考える人も多いと思う。A君と見てきたように，次数が上がれば近似の精度も上がると期待されるしね。ここでは，実際それが可能であること，つまり，もとの関数 $f(x)$ が必要な回数だけ微分可能であれば，いくらでも「高次」の近似式が作れることを見てみよう。これができることを保証するのが，次のテイラーの定理なんだ。以下にその定理を証明なしに述べよう。

　　[テイラー(Taylor)の定理]
　　　関数 $f(x)$ が区間 $[a, b]$ で n 回微分可能ならば，
$$f(b)=f(a)+f'(a)(b-a)+\frac{1}{2!}f''(a)(b-a)^2$$
$$+\cdots+\frac{1}{(n-1)!}f^{(n-1)}(a)(b-a)^{n-1}+\frac{1}{n!}f^{(n)}(c)(b-a)^n$$
　　となる $c\ (a<c<b)$ が存在する。

　ここでは $f(x)$ の k 階導関数を $f^{(k)}(x)$ と書いたけど，これもよく使われる記法なので覚えておこう。実は，この定理の証明は，p.204の②式とほぼ同様に，ロルの定理を適用すればよいだけだから，興味のある人は自分でやってみよう。大事なのは，右辺の最後の項だけが，他の項と異質なことだよ。
　このテイラーの定理で，$b=x$，さらに $c=a$ とおくことによって，$f(x)$ の n 次関数による近似式

$$f(x) \simeq f(a) + f'(a)(x-a) + \frac{1}{2!}f''(a)(x-a)^2$$
$$+ \cdots + \frac{1}{(n-1)!}f^{(n-1)}(a)(x-a)^{n-1} + \frac{1}{n!}f^{(n)}(a)(x-a)^n$$

が得られるよ。つまり，$f(x)$ の近似値は x が a に非常に近ければ，

$$f(a),\ f'(a),\ f''(a),\ \cdots,\ f^{(n-1)}(a),\ f^{(n)}(a)$$

を求めることによって得られるっていう仕組みなんだ。

さて，近似式の話はこの辺で終わりにして，テイラーの定理についてもう少し考察をしてみよう。今，関数 $f(x)$ が何回でも微分可能だとする。実際に，例えば，$\sin x$ や e^x などは何回でも微分できるけど，このような場合，テイラーの定理の式で $n \to \infty$ としてもよさそうだよね。このとき，最後の項，つまり c に依存する項は「遠く」へ飛んで行っちゃって，結局，

$$f(x) = f(a) + f'(a)(x-a) + \frac{1}{2!}f''(a)(x-a)^2 + \cdots$$
$$= \sum_{k=0}^{\infty} \frac{1}{k!}f^{(k)}(a)(x-a)^k$$

のような無限の和が得られる。このような和を**無限級数**と呼ぶことが多いから，これも覚えておこう。ところで，この無限級数に x や a として具体的な数値を代入したときに，その和が有限の値に収まるかどうかは，慎重に考えなければならない問題だ。でも，ここでは有限値に収まっているとして，考察を進めることにするよ。言い換えれば，この無限和にきちんと意味がある場合だけを考えるということだね。そしてこのような「意味のある」和の場合，この無限級数を**$f(x)$ の a のまわりのテイラー展開**というんだ。この右辺の最初の3項，つまり定数項（0次の項），1次の項，2次の項だけを見れば，関数の2次近似式とまったく同じ形をしていることに注意しよう。これは，最初の3項だけでなくて，その後に続く無限に多くの項をすべて足し合わせることによって，近似式の $\simeq$ が本当の等号 $=$ に「昇格」することを意味しているんだ。

さて，本文ではA君と一緒に $f(x) = \sqrt{1+x}$ の近似式を $a=0$ として考えた。同じように考えれば，

$$f(x)=f(0)+f'(0)x+\frac{1}{2!}f''(0)x^2+\cdots=\sum_{k=0}^{\infty}\frac{1}{k!}f^{(k)}(0)x^k$$

となるけど，このようなテイラー展開の特別な場合を，マクローリン展開というんだ。つまり，p.207の⑤式は$\sqrt{1+x}$のマクローリン展開の最初の3項を書いたものに他ならない。

　ここで，$f(x)=e^x$として，このマクローリン展開を求めてみることにしよう。以前調べたように，e^xは微分しても形が変わらないから，すべてのkに対して，k階導関数は

$$f^{(k)}(x)=e^x$$

となるよね。これに$x=0$を代入すれば，

$$f^{(k)}(0)=1$$

がわかるけど，これらをマクローリン展開の式に代入すれば，

$$e^x=\sum_{k=0}^{\infty}\frac{1}{k!}x^k=1+x+\frac{1}{2!}x^2+\frac{1}{3!}x^3+\cdots$$

という「展開式」が得られるんだ。これもやはり無限の和だけど，この無限和はxの値が有限ならば，有限の値に収まることが知られている。例えば，$x=1$ならば，

$$e^1=e=\sum_{k=0}^{\infty}\frac{1}{k!}=1+1+\frac{1}{2!}+\frac{1}{3!}+\cdots=2.718\cdots$$

とかね。これは，もちろん以前出てきた「自然対数の底」だよね。つまり，このマクローリン展開にはちゃんとした「意味がある」んだ。大学の数学では，この他にもいろいろな関数のテイラー（マクローリン）展開が出てくるよ。

まとめ

●1次の近似式
$$f(x) \simeq f(a) + (x-a)f'(a)$$

●2次の近似式
$$f(x) \simeq f(a) + f'(a)(x-a) + \frac{1}{2}f''(a)(x-a)^2$$

ただし，これらは x と a が非常に近い場合の近似式である。

●テイラー展開の公式
$$f(x) = \sum_{k=0}^{\infty} \frac{1}{k!} f^{(k)}(a)(x-a)^k$$

特に $a=0$ とおけば，マクローリン展開の公式
$$f(x) = \sum_{k=0}^{\infty} \frac{1}{k!} f^{(k)}(0) x^k$$

が得られる。1次および2次の近似式は，テイラー展開の最初の2項，および3項を取り出したものである。

おわりに

ここまで解説してきたことは，これから本格的に数学を使う場合に必要な，基本中の基本事項なんだ。しっかり身につけておこう。

なんか，少しはわかってきたような気がします。

やはり，数学は自分で手を動かして計算してみないとね。

そうですね。今までの勉強は，教科書を眺めてるだけのことがほとんどでした。

また必要なときは，いつでも来るといいよ。

はい。それでは，長い間どうもありがとうございました。ところで，期末試験のことですけど……

……。

期末試験

[1] 導関数の定義式

$$f'(x) = \lim_{h \to 0} \frac{f(x+h) - f(x)}{h}$$

を用いて，有理関数 $f(x) = \dfrac{1}{x}$ の導関数 $f'(x)$ を求めてください。

[2] 関数 $f(x)$ のマクローリン展開は

$$f(x) = f(0) + f'(0)x + \frac{1}{2!}f''(0)x^2 + \frac{1}{3!}f'''(0)x^3 + \cdots$$

で与えられます。この式を利用して，以下の問いに答えてください。

(1) 3次関数 $f(x) = (ax+b)^3$ を x についてマクローリン展開してください。

(2) 三角関数 $f(x) = \sin x$ の3次の近似式を求めてください。

3 次の(1)～(5)の微分や不定積分の結果が正答であるか誤答であるかを答え，誤答であるものについては正答を求めてください。ただし，C は積分定数，A は 0 でない任意定数とします。

(1) $\{\ln(Ax)\}' = \dfrac{1}{Ax}$

(2) $(\tan x)' = 1 + \tan^2 x$

(3) $\displaystyle\int \ln x\, dx = \dfrac{1}{x} + C$

(4) $\displaystyle\int \sin x \cos x\, dx = -\dfrac{1}{4}\cos(2x) + C$

(5) $\displaystyle\int \dfrac{1}{\sin^2 x}\, dx = -\dfrac{1}{\tan x} + C$

期末試験の解答

1 いきなり導関数の公式を使って，

$$f'(x) = \left(\frac{1}{x}\right)' = (x^{-1})' = -1 \cdot x^{-1-1} = -x^{-2} = -\frac{1}{x^2} \quad \leftarrow (x^\alpha)' = \alpha x^{\alpha-1}$$

とやるのは反則です。問題の指示どおり，しっかりと導関数の定義式にしたがって計算しましょう。

$$f'(x) = \lim_{h \to 0} \frac{f(x+h) - f(x)}{h} = \lim_{h \to 0} \frac{1}{h}\left(\frac{1}{x+h} - \frac{1}{x}\right) \quad \leftarrow f(x+h) = \frac{1}{x+h},$$

$$= \lim_{h \to 0} \frac{1}{h} \cdot \frac{x - (x+h)}{x(x+h)} = \lim_{h \to 0} \frac{1}{h} \cdot \frac{-h}{x(x+h)} \quad f(x) = \frac{1}{x} \text{を代入}$$

$$= -\frac{1}{x^2}$$

2(1) まず，$f(0)$，$f'(0)$，$f''(0)$，$\cdots$ を求めましょう。

$f(x) = (ax+b)^3$ より，$f(0) = (a \cdot 0 + b)^3 = b^3$

$f'(x) = 3(ax+b)^{3-1} \cdot (ax+b)' = 3a(ax+b)^2$ より，$f'(0) = 3ab^2$

$f''(x) = 6a^2(ax+b)$ より，$f''(0) = 6a^2 b$

$f'''(x) = 6a^3$ より，$f'''(0) = 6a^3$

$k \geq 4$ のとき，$f^{(k)}(x) = 0$ より，$f^{(k)}(0) = 0$

これらを与えられたマクローリン展開の式に代入すると，

$$(ax+b)^3 = f(0) + f'(0)x + \frac{1}{2!}f''(0)x^2 + \frac{1}{3!}f'''(0)x^3 + \cdots$$

$$= b^3 + 3ab^2 x + \frac{6a^2 b}{2!}x^2 + \frac{6a^3}{3!}x^3 + 0 \quad \leftarrow x^4 \text{以降は0}$$

$$= b^3 + 3ab^2 x + 3a^2 b x^2 + a^3 x^3$$

$(ax+b)^3$ を普通に展開したものと一致していることを確かめてみましょう。

(2) 3次の近似式なので，まずはマクローリン展開のx^3までの係数を求めましょう。

$f(x) = \sin x$ より，$f(0) = \sin 0 = 0$
$f'(x) = \cos x$ より，$f'(0) = \cos 0 = 1$
$f''(x) = -\sin x$ より，$f''(0) = -\sin 0 = 0$
$f'''(x) = -\cos x$ より，$f'''(0) = -\cos 0 = -1$

これらを与えられたマクローリン展開の式に代入すると，

$$\sin x = f(0) + f'(0)x + \frac{1}{2!}f''(0)x^2 + \frac{1}{3!}f'''(0)x^3 + \cdots$$

$$\simeq f(0) + f'(0)x + \frac{1}{2!}f''(0)x^2 + \frac{1}{3!}f'''(0)x^3 \quad \leftarrow 3次まで$$

$$= x - \frac{1}{6}x^3$$

3 (1) 対数法則より，$\ln(Ax) = \ln A + \ln x$ なので，

$$\{\ln(Ax)\}' = (\ln A + \ln x)' = 0 + \frac{1}{x} = \frac{1}{x}$$

よって，与えられた結果は**誤答**です。

【別解】合成関数の微分公式を使っても計算できます。

$$\{\ln(Ax)\}' = \frac{1}{Ax} \cdot (Ax)' = \frac{1}{Ax} \cdot A = \frac{1}{x}$$

(2) 三角関数の微分公式より，

$$(\tan x)' = \frac{1}{\cos^2 x}$$

なので，一見すると誤答のようです。しかし，等式$\sin^2 x + \cos^2 x = 1$を使うと，

$$\frac{1}{\cos^2 x} = \frac{\sin^2 x + \cos^2 x}{\cos^2 x} = \frac{\cos^2 x}{\cos^2 x} + \frac{\sin^2 x}{\cos^2 x} = 1 + \left(\frac{\sin x}{\cos x}\right)^2 = 1 + \tan^2 x$$

となるので，実は**正答**です。

(3) 不定積分の計算が正しいかどうかは、結果を微分してもとの関数に戻るかどうかを調べればわかります。

$$\left(\frac{1}{x}+C\right)'=(x^{-1})'+(C)'=-\frac{1}{x^2}$$

なので，**誤答**です。正しくは，4－3節と同様の計算で，

$$\int \ln x\,dx = \int 1\cdot\ln x\,dx = \int (x)'\cdot\ln x\,dx$$

$$= x\ln x - \int x\cdot(\ln x)'\,dx = x\ln x - \int x\cdot\frac{1}{x}\,dx \quad \leftarrow 部分積分$$

$$= x\ln x - \int dx = x\ln x - x + C$$

実際にこれが正しいかどうか検算してみましょう。

$$(x\ln x - x + C)' = (x\ln x)' - (x)' + (C)'$$

$$= (x)'\ln x + x(\ln x)' - 1 + 0 \quad \leftarrow 積の微分公式$$

$$= \ln x + x\cdot\frac{1}{x} - 1$$

$$= \ln x + 1 - 1$$

$$= \ln x$$

となり、もとの関数に戻ったので、正しいことがわかります。

(4) 不定積分の結果を微分して、計算が正しいかどうかを確かめましょう。

$$\left\{-\frac{1}{4}\cos(2x)+C\right\}' = -\frac{1}{4}\{\cos(2x)\}' + (C)'$$

$$= -\frac{1}{4}\{-\sin(2x)\}\cdot(2x)' + 0 \quad \leftarrow 合成関数の微分$$

$$= -\frac{1}{4}\{-\sin(2x)\}\cdot 2$$

$$= \frac{1}{2}\sin(2x) = \sin x\cos x \quad \leftarrow 2倍角の加法定理$$

となるので，**正答**です。

【参考】$\sin x \cos x$ の不定積分は

$$\int \sin x \cos x \, dx = \begin{cases} -\dfrac{1}{4}\cos(2x) & \cdots ① \\ \dfrac{1}{2}\sin^2 x & \cdots ② \\ -\dfrac{1}{2}\cos^2 x & \cdots ③ \end{cases}$$

と3パターンの答え方があります。積分定数Cはすべて省略しています。これらがすべて正しいことは，各々を微分して確かめることができます。

なぜ3パターンもあるのでしょうか？　これらは異なるように見えているだけで，実は同じものなんです。そのことは等式$\sin^2 x + \cos^2 x = 1$と$\cos(2x) = \cos(x+x) = \cos^2 x - \sin^2 x$を用いることで確かめることができます。例えば，

$$\cos(2x) = \cos^2 x - \sin^2 x = (1 - \sin^2 x) - \sin^2 x = 1 - 2\sin^2 x$$

より，

$$-\frac{1}{4}\cos(2x) = -\frac{1}{4}(1 - 2\sin^2 x) = \frac{1}{2}\sin^2 x - \frac{1}{4}$$

不定積分は定数を加えるだけの不定性があるので，$-\dfrac{1}{4}$は考えなくてもいいですね。つまり，①と②が不定積分の結果としては同じであることがわかりました。②と③が同じであることも等式$\sin^2 x + \cos^2 x = 1$を用いて示すことができます。各自で確認しておきましょう。

(5)　微分して確かめましょう。

$$\left(-\frac{1}{\tan x} + C\right)' = -\left(\frac{\cos x}{\sin x}\right)' + (C)'$$

$$= -\frac{(\cos x)' \sin x - \cos x (\sin x)'}{\sin^2 x} + 0 \quad \leftarrow\text{商の微分公式}$$

$$= -\frac{-\sin^2 x - \cos^2 x}{\sin^2 x} = \frac{\sin^2 x + \cos^2 x}{\sin^2 x}$$

$$= \frac{1}{\sin^2 x} \quad \leftarrow\text{等式}\sin^2 x + \cos^2 x = 1$$

よって，**正答**です。

あとがき

　A君とK先生の対話はいかがでしたか？　A君には思いのほか「ガッツ」がありましたね。微積分学には，大いに興味を持ってもらえたでしょうか？
　もしかすると，「やはり微積分学は抽象的すぎる」という感想を持った人もいるかもしれません。でも，微積分学を現実的な問題の解決に応用する場合には，ここでK先生が解説した基本的な事項をしっかり理解しておくことが，とても大きな武器になります。

　こんなに抽象的で，非現実的に見えるのに？

　でも，この抽象性こそが，実は現実の課題に立ち向かうときに非常に有効なのです。なぜでしょう？　それは，抽象化という作業は「現実の自然現象や社会現象の中から，表面的なところを取り去って，一番重要なものを探す」ことだからです。「数学的に考える」ということは「一番大切なところを見つけ出す」ということに他なりません。『星の王子様』のキツネは言います。ものごとは「心でなくちゃ，よく見えない。もののなかみは目では見えない」と。課題の解決に数学を用いるのは，「もののなかみ」を見るために大変有効な技術なのだと思います。

　本書の出版に際しては，（株）カルチャー・プロの中川克也さんに多大なご尽力をいただきました。ここに感謝の意を表します。また，最後になりましたが，日頃から研究・教育活動を支えてくれている著者たちの家族に，感謝の気持ちを込めて本書を捧げます。

　この対話の内容が，いつか皆さまの役に立つことを願っています。

参考文献

本書に続いて微分積分を勉強したい読者向けには以下のような本があります。

● 『新入生のための数学序説』 髙崎金久 実教出版(2001)

● 『駿台受験シリーズ 分野別 受験数学の理論7 微分法・積分法の基礎』
　清史弘 駿台文庫(2004)

● 『駿台受験シリーズ 分野別 受験数学の理論8 微分・積分』
　清史弘 駿台文庫(2005)

● 『文科系に生かす微積分—その基礎から社会現象の分析まで』
　小林道正 講談社(1994)

● 『マンガ・微積分入門—楽しく読めて、よくわかる』
　岡部恒治・藤岡文世 講談社(1994)

● 『微分・積分の意味がわかる—数学の風景が見える』
　野崎昭弘・伊藤潤一・何森仁・小沢健一 ベレ出版(2000)

● 『経済学の計算問題がスラスラ解ける「3時間でわかる微分」』
　石川秀樹 早稲田経営出版(2008)

本書の執筆にあたっては，主に以下の本を参考にしました。

● 『解析入門I』 杉浦光夫 東京大学出版会(1980)

索引 INDEX

数字・アルファベット

$\sqrt{x}$ の導関数 ……… 65,68
1次関数 ……… 19
2階導関数 ……… 205
2項係数 ……… 50
2項展開 ……… 50
2次関数 ……… 25
a^x の導関数 ……… 114
n 階導関数 ……… 205
x^{-1} の不定積分 ……… 148
x^n の導関数 ……… 42
x^{-n} の導関数 ……… 59
y 切片 ……… 21

ア行

天下り ……… 204
一般化 ……… 43

カ行

開区間 ……… 183
加法定理 ……… 80
関数 ……… 12
奇関数 ……… 78
逆関数 ……… 103
逆三角関数 ……… 153
極限 ……… 35
極限値 ……… 35
近似値 ……… 199

サ行

偶関数 ……… 79
係数 ……… 20
原始関数 ……… 129
合成関数 ……… 55
合成関数の微分公式 ……… 55,56
項別積分 ……… 156
コーシーの平均値定理 ……… 195,196
弧度法 ……… 74

三角関数 ……… 73
三角関数の導関数 ……… 88
三角関数の不定積分 ……… 150
次数 ……… 18
指数関数 ……… 94
指数関数の導関数 ……… 100
指数関数の不定積分 ……… 151
指数法則 ……… 92
自然数 ……… 4
自然対数 ……… 108
自然対数の底 ……… 99
実数 ……… 9
写像 ……… 11
重解 ……… 30
周期関数 ……… 73
瞬間的な変化率 ……… 34
商の微分公式 ……… 64
常用対数 ……… 108
整数 ……… 4
積の微分公式 ……… 52

積分	129
積分定数	137
接線	26

タ行

対数関数	101
代数関数	69
対数関数の導関数	110
代数関数の導関数	69
対数法則	105
単位円	74
値域	12
置換積分	157
置換積分の公式	158, 164
直線の傾き	22
底 a の対数関数	103
定義域	12
定数関数	51
定積分	138
底 a の指数関数	95
底の変換	108
底の変換公式	110
テイラー展開	209
テイラーの定理	208
導関数	42
導関数の定義式	44

ナ行

任意	22
ネイピアの数	99

ハ行

判別式	29
微積分学の基本定理	129, 132
微分	42
微分可能	184
微分係数	31
微分係数の定義式	44
微分法	42
不定形の極限値	192
不定積分	129
部分積分	166
部分積分の公式	166
部分分数分解	171
平均値の定理	182, 186, 190
平均的な変化率	34
閉区間	183
べき関数	116
べき関数の導関数	116
べき関数の不定積分	146

マ行

マクローリン展開	210
無限級数	209
無理数	8
面積	121

ヤ行

有理関数	65
有理関数の不定積分	170, 178
有理数	8

ラ・ワ行

連続	183
ロピタルの定理	193, 197
ロルの定理	183, 184, 185
和の微分公式	50

【著者略歴】

中村 厚（なかむら・あつし）
　1962年、新潟県生まれ。北里大学理学部物理学科・准教授。1992年4月、東京都立大学大学院理学研究科博士課程（物理学専攻）単位取得退学。博士（理学）。専門は、素粒子論およびその周辺の数理物理（のつもり）。
　ホームページ：http://www.kitasato-u.ac.jp/sci/resea/buturi/hisenkei/nakamula/index.html

戸田 晃一（とだ・こういち）
　1971年、大阪府生まれ。富山県立大学工学部教養教育センター・教授。2001年3月、立命館大学大学院理工学研究科博士課程後期課程（総合理工学専攻）修了。博士（理学）。専門は、非線形な場の理論に対する非摂動的解析を中心とした数理物理（だと思う……）。
　ホームページ：https://www.pu-toyama.ac.jp/kyoyo/staff/toda.htm

ファーストブック
微分積分がわかる

2009年5月1日　初版　第1刷発行
2019年4月11日　初版　第2刷発行

著　者	中村 厚　戸田 晃一
発行者	片岡 巌
発行所	株式会社技術評論社 東京都新宿区市谷左内町 21-13 電話　03-3513-6150 販売促進部 　　　03-3513-6160 編集部
印刷／製本	株式会社加藤文明社

定価はカバーに表示してあります。

本書の一部、または全部を著作権法の定める範囲を越え、無断で複写、転載、複製、テープ化、ファイルに落とすことを禁じます。

©2009　中村 厚　戸田 晃一

造本には細心の注意を払っておりますが、万一、乱丁（ページの乱れ）や落丁（ページの抜け）がございましたら、小社販売促進部までお送りください。送料小社負担にてお取り替えいたします。

ISBN 978-4-7741-3815-2　C3041
Printed in Japan

●カバーイラスト
　ゆずりはさとし
●カバー・本文デザイン
　下野剛（志岐デザイン事務所）
●本文イラスト
　田渕周平
●編集制作
　中川克也
　（株式会社カルチャー・プロ）
●DTP
　株式会社明昌堂

本書の内容に関するご質問は、下記の宛先まで書面にてお送りください。お電話によるご質問および本書に記載されている内容以外のご質問には、一切お答えできません。あらかじめご了承ください。

〒162-0846
新宿区左内町21-13
株式会社技術評論社　書籍編集部
「微分積分がわかる」係
FAX：03-3513-6161